Martin Hartmann, Rüdiger Funk, Horst Nietmann

Präsentieren

Präsentationen: zielgerichtet und adressatenorientiert

8. Auflage

Beltz Verlag · Weinheim und Basel

6., aktualisierte Auflage 2000
7., neu ausgestattete Auflage 2003
8., vollständig überarbeitete und erweiterte Auflage 2008

Lektorat: Ingeborg Sachsenmeier

© 1991 Beltz Verlag · Weinheim und Basel
www.beltz.de
Herstellung: Uta Euler
Satz: Druckhaus »Thomas Müntzer«, Bad Langensalza
Druck: Druck Partner Rübelmann, Hemsbach
Umschlaggestaltung: glas ag, Seeheim-Jugenheim
Umschlagabbildung: Getty Images Deutschland GmbH, München
Printed in Germany

ISBN 978-3-407-36458-6

Inhaltsverzeichnis

Treten Sie bitte ein!

- Sie müssen demnächst präsentieren
- Worum geht es in einer Präsentation genau?
- Erfolg oder Misserfolg beim Präsentieren: die vier häufigsten Fehler

Sie müssen demnächst präsentieren

Ihre Chefin oder Ihr Chef hat Sie um ein Gespräch gebeten. Nun vernehmen Sie ganz überrascht folgende Botschaft:

»Nächste Woche findet unsere Abteilungsleiterbesprechung statt. Die Sitzung ist für Sie als Projektleiter eine sehr gute Gelegenheit, die von Ihnen überarbeitete Werbekampagne vorzustellen und die anderen Abteilungsleiter zu motivieren, die Umsetzung der Kampagne aktiv zu unterstützen. Denn wenn nicht alle mitziehen, wird die Aktion nicht so erfolgreich ablaufen, wie ich mir das vorstelle. Denken Sie daran, wenn Sie die Präsentation vorbereiten.«

Das kommt Ihnen bekannt vor? Wahrscheinlich sehen Ihre Präsentationsanlässe, liebe Leserinnen und liebe Leser, etwas anders aus. Aber im Grunde geht es immer um die gleiche Situation: Es gibt einen konkreten Anlass, ein Thema und eine Gruppe von Menschen, denen Sie etwas »rüberbringen« wollen.

Beispielsweise:

● Sie können als junger Mitarbeiter eines kleinen Unternehmens Ihrer Geschäftsführung eine neue Idee für eine verbesserte Reklamationsbearbeitung präsentieren. Ihr Ziel: die Geschäftsleitung umfassend über den neuen Prozess zu informieren und besonders die angedachten Neuerungen verständlich darzustellen.

- Sie können als technischer Vertriebsbeauftragter eines Herstellers von Anhängerachsen eingeladenen Spediteuren eine neue Lenkachse präsentieren, die Reifenverschleiß und Spritverbrauch deutlich senkt. Ziel: diese Kunden schon durch die Präsentation zu motivieren, die neue Achse zu bestellen.

- Sie können als Kundenbetreuerin einer Bank einem Großkunden ein besonderes Leasingangebot für eine neue Wagenflotte präsentieren mit dem Ziel, dass der Kunde die Verträge komplett über Ihre Bank abwickelt.

- Sie können als Mitglied einer privaten Kindertagesstätten-Initiative den jungen Eltern des Stadtteils Ihr Konzept einer privat finanzierten und organisierten Kita für berufstätige Eltern vorstellen mit dem Ziel, dass sich Eltern an diesem Projekt aktiv beteiligen.

- Sie wurden als Manager einer Wirtschaftsprüfungsgesellschaft von einer Ihrer Mandantinnen gebeten, erste konzeptionelle Überlegungen für eine optimierte Konzernsteuerstruktur zu erarbeiten. Ziel Ihrer Präsentation: die Entscheidungsträger über das Konzept zu informieren und ihnen damit eine Entscheidungsgrundlage für oder gegen eine Realisierung zu liefern.

»Wozu denn eigentlich der ganze Aufwand, dieser Wirbel um den Begriff ›Präsentieren‹? Ich könnte doch meinen Abteilungsleitern die neue Werbekampagne einfach auch nur so mal erzählen und dabei ein paar mitgebrachte Prospektfotos herumgehen lassen?«

»Natürlich können Sie ›auch nur einfach mal so irgendetwas erzählen‹. Das werden Sie abends beim Wein, in einer lockeren Kaffeerunde oder zu Hause bei Ihren Liebsten auch immer wieder gerne tun. Nur empfehlen wir Ihnen, im beruflichen Leben sorgfältig zu unterscheiden, wann Sie etwas nur einmal so locker dahererzählen und wann Sie gut vorbereitet, zielgerichtet und für Ihre Zuhörer maßgeschneidert informieren, berichten, vortragen oder präsentieren. Immer wenn es Ihnen egal ist, was Ihre Worte anrichten, dann reden Sie einfach drauflos. Wenn Sie dagegen etwas erreichen wollen, dann überlegen Sie genau, was Sie dafür unternehmen möchten.«

»Das klingt für meine Ohren aber sehr hart! Bei mir in der Firma habe ich den Eindruck, dass sogar einzelne Manager bei Präsentationen einfach nur mal etwas erzählen, ohne Vorbereitung oder so!«

»Vermutlich haben Sie recht. Viele Menschen geben sich bei Vorträgen und Präsentationen keine Mühe bei der Vorbereitung und Durchführung ihrer Rede. Da scheint der Slogan ›Geiz ist geil‹ auch für die eigenen Gedanken zu gelten. Aber wir unterstellen einmal, dass Sie etwas bewusster durch das berufliche Leben gehen wollen. Und was erfolgreiches Präsentieren angeht, da können wir Sie auf den nächsten Seiten gerne unterstützen. So hart und schwierig wird das dann gar nicht.«

»Und was habe ich dann davon, wenn ich diese Empfehlungen anwende und umsetze?«

»Eine sorgfältig vorbereitete und professionell durchgeführte Präsentation ist eine lebendige und äußerst wirkungsvolle Möglichkeit, andere Menschen klar und verständlich zu informieren, selbstbewusst zu überzeugen und für eine Sache – Ihre Sache – zu gewinnen. Sie können dabei Fragen klären, Probleme erörtern und natürlich im Anschluss an Ihre Darstellung eine angeregte Diskussion führen. Und nicht weniger wichtig: mit einer gut vorbereiteten und gekonnt durchgeführten Präsentation können Sie Wertschätzung und Anerkennung erhalten. Außerdem zeigen Sie auch auf diesem Gebiet, dass Sie selbstsicher, strukturiert und überlegt auftreten!«

»Und was ist mit PowerPoint?«

»PowerPoint ist ein wirksames Hilfsmittel, um Sie zu unterstützen, die Ziele Ihrer Präsentation zu erreichen. Das klappt aber nur, wenn Sie dieses Hilfsmittel auch angemessen, funktional und ohne optische Spielereien einsetzen.«

»Und wie geht das?«

»Lassen Sie uns später auf diese Frage eingehen. Sie hatten mich ja gebeten, Sie als ›Präsentationscoach‹ oder auch Reisebegleitung auf dem Weg zu einer professionellen Präsentation zu unterstützen. Und daher erst einmal ein genauerer Blick, worauf bei einer professionellen Präsentation alles zu achten ist.«

»Da bin ich gespannt und schau mir Ihr Angebot gerne näher an!«

Worum geht es in einer Präsentation genau?

Ein erster Blick

Eine oder mehrere Personen stellen für eine konkrete Zielgruppe ausgewählte Inhalte, also Sachaussagen oder Produkte, vor. Ziel ist es, diese Zielgruppe zu informieren und zu überzeugen. Die Darstellung wird unterstützt durch bildhafte Mittel. An die Darstellung schließt sich eine Fragerunde oder Diskussion an.

Präsentieren bedeutet somit in unseren Beispielfällen Folgendes:

Eine oder mehrere Personen ...

- Sie selbst als Mitarbeiterin oder Mitarbeiter Ihres Unternehmens,
- ein junger Mitarbeiter in der Reklamationsabteilung,
- der technische Vertriebsbeauftragte,
- die Kundenbetreuerin,
- Mitglieder einer privaten Kita-Initiative,
- der Manager einer Wirtschaftsprüfungsgesellschaft

stellen für eine konkrete Zielgruppe ...

- Abteilungsleiterinnen und Abteilungsleiter,
- Mitglieder der Geschäftsleitung,
- Spediteure,
- Großkunden einer Bank,
- junge Eltern aus dem Stadtteil,
- Führungskräfte im Rechnungswesen

ausgewählte Inhalte, also Sachaussagen oder Produkte, vor.

- Überarbeitete Werbekampagne.
- Vorschlag für eine verbesserte Reklamationsbearbeitung.
- Die neue Lenkachse für Lkw-Anhänger.

- Neues Leasingangebot.
- Konzept einer privat finanzierten und organisierten Kindertagesstätte.
- Optimierte Konzernsteuerstruktur.

Ziel ist es, die Zielgruppe zu informieren und zu überzeugen.

- Andere Abteilungsleiter zu motivieren, an der Kampagne mitzumachen.
- Die Geschäftsleitung über die verbesserte Reklamationsbearbeitung zu informieren.
- Die Spediteure über die Funktionsweise und besonderen Eigenschaften der neuen Lenkachse zu informieren und sie dazu zu bringen, beim nächsten Kauf eines Lkw-Anhängers auch eine Lenkachse Ihrer Firma mitzubestellen.
- Die Großkunden über die Besonderheiten des neuen Leasingangebots zu informieren und sie dazu zu bewegen, die zukünftigen Verträge über Ihre Bank abzuwickeln.
- Die jungen Eltern aus dem Stadtteil über die geplante neue Kindertagesstätte zu informieren und sie davon zu überzeugen, sich an diesem Projekt zu beteiligen.
- Die Führungskräfte über die optimierte Konzernsteuerstruktur zu informieren und sie besonders auf die Unterschiede zur bisherigen Struktur hinzuweisen.

Die Darstellung wird unterstützt durch bildhafte Mittel.

- Stimme, Sprache, Gestik, Mimik, »Gesamtkörper«,
- PowerPoint-Charts, Overheadfolien, Videosequenzen,
- Plakate auf Pinnwand oder Flipchart, Handouts, Demo-Modelle.

Es schließt sich eine Fragerunde oder Diskussion an.

- Das Publikum wird aktiv. Es kann Verständnisfragen stellen, um ergänzende Informationen bitten, Kritik äußern oder Anregungen geben.
- Auch die Auseinandersetzung mit grundsätzlichen Bedenken oder die Vereinbarung erster Maßnahmen können hier ihren Platz haben.

Erfolg oder Misserfolg beim Präsentieren: die vier häufigsten Fehler

Fehler 1: Ziellos in die Beliebigkeit

Fragen Sie einmal, liebe Leserin und lieber Leser, eine repräsentative Gruppe deutschsprachiger Manager (über die anderen Länder möchten wir an dieser Stelle keine Aussagen treffen), ob sie bei Präsentationen zielgerichtet vorgehen, also für ihre Präsentationen und Vorträge ein konkretes Ziel formuliert haben, das sie mit ihren Worten, Bildern, Charts etc. erreichen wollen. 90 Prozent werden mit ziemlicher Sicherheit und Hand aufs Herz mit »Ja« antworten. Fragen Sie dann einmal eine repräsentative Zuhörerschaft von Präsentationen deutschsprachiger Manager, ob die erlebten Präsentationen ein Ziel hatten, auf das hin alles ausgerichtet war. Die Antwort? Nur die wenigsten haben hier erkannt, mit welcher Absicht der Präsentierende zu Ihnen gesprochen hatte, nur wenigen ist deutlich geworden, was denn das Thema und die vielen bunten Inhalte mit ihnen als Zuhörer zu tun hatten. Sehr viele haben aber, wie so oft, viele, viele textlastige PowerPoint-Charts zu einem mehr oder weniger wichtigen Thema gelesen. Und viele haben entsprechend mehr oder weniger aufmerksam zugehört, je nach persönlichem Interesse.

Was ist geschehen? Viele Präsentationen werden einfach mal so zusammengestellt. Man hat ein Thema und schreibt ein paar Charts oder Folien. Vielleicht hat der Kollege noch einige Charts auf der Festplatte, die ganz gut passen.

Schnell werden diese noch mit einigen Animationen aufgepeppt, die eine oder andere kleine Veränderung eingefügt, und die Aufgabe »Präsentation für … fertigmachen« kann im Zeitplaner abgehakt werden!

Eine Präsentation, die kein Ziel verfolgt, ist keine Präsentation, sondern gehört als ein nettes Geplaudere in die Kaffeeküche! Übertrieben? Wir meinen nicht. Wenn Menschen sich die Zeit nehmen und Ihnen zuhören wollen, dann haben diese ein Recht darauf, ernst genommen zu werden und nicht mit beliebig zusammengestellten Charts abgespeist zu werden, nur weil diese im weitesten Sinn zum Thema gehören. Und Sie selbst haben die große Chance, mit Ihrer Präsentation Ihr Anliegen zu verfolgen, Ihre Ziele zu erreichen, bei den anderen etwas zu bewegen, was Ihnen wichtig ist. Ein erster und wichtiger Schritt bei der Vorbereitung einer Präsentation ist also die Formulierung des konkreten, klaren Ziels, das Sie bei Ihrem Publikum durch die Präsentation erreichen wollen.

Fehler 2: Hauptsache satt voll mit vielen Inhalten und alles schön bunt auf den Charts!

Eine Präsentation lebt von Inhalten. Nun gut, das sollte beherrschbar sein. Aber auch hier hält der Alltag mannigfache Überraschungen bereit: Die meisten Inhalte finden ihren Eingang in die Präsentation, weil der Präsentierende sie persönlich für wichtig hält, weil sie ihm spannend vorkommen, er an ihrer Erstellung lange und fleißig gearbeitet hat – nicht jedoch, weil sie sein Ziel unterstützen oder für das Publikum von Interesse oder gar von Nutzen sind. Das Ergebnis sind wahre Chartorgien, übervoll mit Details und endlosen verbalen Erklärungen dazu. Die vorgebrachte Begründung für diese Endloslangweiler: »Das muss in die Präsentation, das ist wichtig!« Bitte nicht! Die Auswahl dessen, was Sie präsentieren, orientiert sich an Ihrem Ziel. Nur die Informationen, die Sie zum Erreichen Ihres Ziels unbedingt benötigen, kommen in die Präsentation. Alles andere gehört nicht hinein, mögen Sie noch so lange und verbissen daran gearbeitet haben. Und die Gestaltung der Inhalte? Die modernen Medien machen es möglich: Da wird bei Visualisierungen mit unterschiedlichen Schriften gearbeitet, Farben werden tolldreist durcheinandergeworfen. Mal steht Rot für eine Hervorhebung, dann für einen Widerspruch, dann für etwas dem Redner sehr Wichtiges. Und weil es so schön ist, das Ganze in Blau und Grün noch einmal. Das schafft Verwirrung und sorgt für Unverständnis. Macht nichts, wird sich der eine oder andere in der Praxis denken, dann lasse ich die einzelnen Textbausteine doch mal von links, dann von rechts oder von oben oder von unten einfliegen, mal mit »Wave-Effekt«, mal konzentrisch kreisend, je nach Farbe und Schriftart.

Ein zweiter wichtiger Schritt für erfolgreiche Präsentationen sind also eine zielorientierte, selektive Inhaltsauswahl und leicht aufnehmbare, anschauliche Visualisierungen.

Fehler 3: Selbstdarstellung mangelhaft!

Es hat sich mittlerweile herumgesprochen, dass eine Präsentation auch vom Auftritt des jeweiligen Redners lebt. Umso erstaunlicher ist es, wenn sich da noch eine »missmutige Schlaftablette« vor das Publikum wagt, wenn jemand ohne Punkt und Komma redet, das Publikum keines Blickes würdigt oder mit der einen Hand in der Tasche und in der anderen die »Bluetooth-Presenter-Mouse« fest im Griff gnadenlos einen zwar weitverbreiteten, dennoch langweiligen Chartwechsel durchzieht: Chart abarbeiten, neues Chart anklicken, dann wieder abarbeiten, dann wieder anklicken, dann abarbeiten, dann klicken und so weiter und so weiter bis zum bitteren Ende.

Bedenken Sie: Bei jedem Auftritt vor anderen Menschen stellen Sie sich selbst dar. Sie betreiben Selbstdarstellung. Und diese resultiert aus Ihrem gepflegten Aussehen, Ihrer Kleidung, Ihrem Sprechen, Ihrer Körpersprache, den Bewegungen der Hände, dem Blick, dem offenen, freundlichen Lächeln, der Art, wie Sie mit den Medien umgehen, die Zeit einhalten oder auf die Interessen der Anwesenden eingehen. Ihre Selbstdarstellung kann gelingen – »Interessanter Kollege, sollten wir im Auge behalten« – oder misslingen – »War ganz nett der Auftritt, kann man nichts gegen sagen!«

Ganz unabhängig davon, ob Sie computergestützt präsentieren oder mit dem bewährten Flipchart oder einer Pinnwand arbeiten: Die gewinnende Selbstaussage gehört als dritter Faktor ebenso wie das Ziel und die Inhalte zu den zentralen Erfolgsfaktoren Ihrer Präsentation.

Fehler 4: Wie gehen Sie eigentlich mit uns um?

Es soll Menschen geben, die kein Gefühl dafür haben, wie sie mit ihrer Art des Auftritts das Publikum behandeln und damit die Stimmung im Vortragsraum gestalten. Durch fehlenden Blickkontakt wird signalisiert, dass man sich auch gut ohne Zuhörer unterhalten kann. Durch ein rasantes Abarbeiten sämtlicher Folien wird signalisiert, dass man mit seinem Pensum fertig werden möchte und nicht auf Verstehen und Nachvollziehen durch die Anwesenden setzt. Und durch das elegante Umgehen von Fragen aus dem Publikum wird endgültig deutlich, dass hier einer stört: der Zuhörer. Indem Sie präsentieren, stellen Sie sich nicht nur immer selbst dar, Sie zeigen auch unablässig, was Sie von Ihrem Publikum halten. Sie zeigen mehr oder weniger deutlich, wie wertschätzend Sie Ihrem Publikum gegenübertreten.

Als vierter Faktor für eine erfolgreiche Präsentation gilt also, dass Wertschätzung gegenüber dem Publikum und eine positive Atmosphäre zwischen Ihnen und dem Publikum unabdingbar sind.

»Vier Fehler haben Sie mir hier vorgestellt. Heißt das denn, wenn ich das alles richtig mache, dass ich dann eine perfekte Präsentation hinlege?«

»Wenn Sie sich zielgerichtet vorbereiten, Ihre Inhalte entsprechend auswählen und ansprechend und verständlich visualisieren; wenn Sie sich selbst als aufgeschlossen, freundlich und engagiert und themenkompetent darstellen und allen Ihren Gästen mit Wertschätzung gegenübertreten, dann haben Sie schon eine Menge richtig gemacht. Der Rest ist Feinschliff.«

»Und den finde ich vermutlich auf den folgenden Seiten. Aber wie ist das noch einmal mit der Stimmung, die ich in der und durch die Präsentation erzeuge?«

»Wenn Sie präsentieren, sind Sie der Herr über die Veranstaltung, jedenfalls solange Sie dran sind. Sie können Spannung erzeugen oder Langeweile, Sie können auch einmal ein Lächeln auf den Gesichtern Ihrer Zuhörer hervorzaubern oder überwiegend müde und mürrische Ausdrücke. Sicherlich geht das nicht auf Knopfdruck, und nicht jeder Anlass und jedes Thema eignet sich für jede Stimmung. Nur, und dafür möchten wir Sie sensibilisieren: Unterschätzen Sie nicht Ihre Einflussmöglichkeiten. Im Gegenteil: Achten Sie darauf, wie Sie die Präsentationssituation für Ihr Publikum gestalten. Und mit etwas Erfahrung und viel Vorbereitungsaufwand werden Sie auch hier zunehmend professioneller. Und wie Sie dies konkret umsetzen können, das finden Sie auf den folgenden Seiten.«

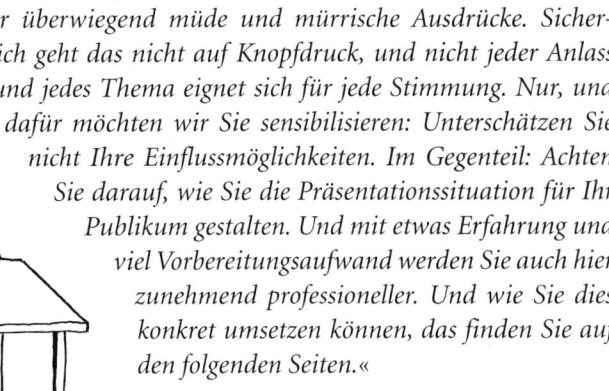

Vorbereitung I: Sie wollen doch etwas bewirken mit Ihrer Präsentation?!

- Das wird häufig versäumt – Gedanken zur Vorgeschichte und zum Anlass der Präsentation
- Für wen bereiten Sie sich vor? Ihr Publikum
- Was wollen Sie erreichen? Das Ziel Ihrer Präsentation
- Was wollen Sie präsentieren? Die Inhalte Ihrer Präsentation

»*Was halten Sie für das richtige Vorgehen bei der Vorbereitung einer Präsentation? Jeder, den ich frage, gibt mir eine etwas andere Antwort.*«

»*Das kann ich gut nachvollziehen. Jeder hat da im Laufe der Zeit seinen eigenen Stil entwickelt und Erfahrungen damit gemacht. Aus unserer Erfahrung heraus hat sich folgendes Vorgehen empfohlen:*

1. *Denken Sie erst einmal kurz an die Vorgeschichte und den Anlass der Präsentation: Sind diese allen bekannt, oder sollten Sie kurz etwas dazu sagen?*

2. *Versetzen Sie sich anschließend in Ihr Publikum: Welche Erwartungen bringen die Zuhörer mit, welches Vorwissen oder welche Einstellungen? Welche thematischen Schwerpunkte wünschen sie?*

3. *Nehmen Sie sich dann etwas Zeit, und denken Sie ausführlich über Ihre Ziele nach. Formulieren Sie diese schriftlich. Je sorgfältiger Sie hier vorgehen, desto leichter fällt Ihnen der Rest,*

4. *beispielsweise die Suche nach den Inhalten und die Auswahl der Kernbotschaften für Ihr Publikum.*

5. *Jetzt können Sie den Einstieg, den Aufbau des Hauptteils sowie den Schluss Ihrer Präsentation skizzieren, dabei fallen Ihnen auch schon Ideen für die Visualisierungen ein.*

6. *Diese erstellen Sie gegen Ende Ihrer Vorbereitungsarbeiten. Dann ist gesichert, dass Sie nur Visualisierungen einsetzen, die auch wirklich etwas zur Zielerreichung beitragen. Schützen Sie sich frühzeitig vor Chartorgien.*

7. *Zur Abrundung kommen Überlegungen zum Manuskript, zu den Teilnehmerunterlagen, zur Technik und all den anderen Dingen. Wir haben Ihnen dazu ein eigenes Kapitel zusammengestellt.*

»*Das klingt nach einer Menge Arbeit. Kostet das nicht viel zu viel Zeit? Zeit, die ich gar nicht habe?*«

»*Nun, Arbeit ist es sicherlich. Aber Sie wollen doch auch eine gute Präsentation hinlegen! Viel Zeit kostet es jedoch nicht. Wenn Sie sich einmal an eine systematische Vorbereitung gewöhnt haben und sich regelmäßig zwingen, die einzelnen Schritte konsequent durchzuziehen, werden Sie merken, wie schnell das geht und wie zielgerichtet und adressatenorientiert das Ergebnis ist. Wir haben Ihnen weiter hinten im Buch eine Checkliste für Eilige erstellt, mit der Sie auf einen Blick alle wichtigen Schritte für die Vorbereitung erfassen und umsetzen können.*«

»*Na, dann fangen wir mal an!*«

Das wird häufig versäumt – Gedanken zur Vorgeschichte und zum Anlass der Präsentation

? Leitfragen: Was ist alles im Vorfeld Ihrer Präsentation geschehen, das die Vorbereitung und Durchführung der Veranstaltung beeinflussen wird? Wie sieht die Vorgeschichte der Präsentation aus? Was sollte das Publikum oder ein Teil der anwesenden Personen von dieser Vorgeschichte oder dem auslösenden Anlass wissen, um die Inhalte und den Kontext Ihrer Präsentation besser zu verstehen?

Auch wenn viele schnelle Menschen, nachdem sie sich zu einer Präsentation entschlossen haben, gleich mit dem Erstellen von PowerPoint-Charts beginnen – tun Sie es nicht! Nehmen Sie sich ein paar Minuten und machen sich Gedanken darüber, was alles vor Ihrer Präsentation geschehen ist und gleichzeitig für Ihre Präsentation von Bedeutung ist. Was ist der Anlass für Ihren Auftritt? Was ist bisher schon alles passiert, woran Sie anknüpfen können oder sogar müssen?

- Dies kann mit der Beziehung zwischen Ihnen, Ihrer Firma oder Ihrer Institution und dem Publikum zu tun haben: Ihr Publikum hat beispielsweise früher schon einmal gute – oder schlechte – Erfahrungen mit Ihrer Firma oder präsentierenden Kollegen von Ihnen gemacht.
- Es kann mit Ihrem Ziel zu tun haben: Sie wollen etwas verkaufen, was schon einmal auf einer Verkaufsveranstaltung durchgefallen oder besonders erfolgreich angekommen ist.
- Es kann mit den Inhalten zu tun haben: Ihr Thema hat durch eine aktuelle öffentliche oder firmeninterne Diskussion eine besondere Bedeutung bekommen, die Sie auf keinen Fall unerwähnt lassen sollten.
- Und es kann natürlich mit Ihnen selbst zu tun haben: Sie sind seit einigen Wochen Projektverantwortlicher für ein wichtiges Thema. Dadurch könnten Sie mit besonderen Erwartungen an Sie konfrontiert sein.

In *unserem Beispiel* könnte eine wichtige Vorgeschichte darin bestanden haben, dass die erste Fassung der Werbekampagne mit Pauken und Trompeten durchgefallen war. An dieses Ereignis können sich noch die meisten Ihrer Teilnehmerinnen und Teilnehmer gut erinnern. Schon deshalb, weil jene erste Fassung ohne ihre Mitwirkung entstand und an ihren Interessen völlig vorbeigelaufen war, sie also selbst dagegen opponiert hatten.

Diese Vorgeschichte können Sie bei der Vorbereitung und der Durchführung Ihrer Präsentation nicht ignorieren.

Tipps für Ihre Vorbereitung

- Halten Sie mit knappen Stichworten fest, was Ihnen aus der Vorgeschichte Ihrer Präsentation in Erinnerung ist.
- Überlegen Sie, an welcher Stelle Ihrer Präsentation (Zielformulierung, Einleitung, besondere Charts) Sie auf diese Vorgeschichte Bezug nehmen wollen.

Für wen bereiten Sie sich vor? Ihr Publikum

? Leitfragen: Wie wird Ihr Publikum aussehen? Welche Einstellungen, Vorkenntnisse, Interessen, Erwartungen oder gar Probleme bringen die Teilnehmerinnen und Teilnehmer zu Ihrer Veranstaltung mit?

Mit Ihrer Präsentation wollen Sie andere Menschen erreichen. Sie wollen diese zumindest gezielt informieren, also klüger machen. Sie wollen diese aber auch zum Handeln bringen, sie von etwas überzeugen, sie vielleicht sogar begeistern. Das alles können Sie nicht, wenn Sie – wie dies viele Präsentierende leider immer noch tun – nur darüber nachdenken, was Ihnen wichtig ist, was Sie rüberbringen wollen, was beispielsweise an der neuen Werbekampagne aus Ihrer Sicht bemerkenswert erscheint. Nehmen Sie sich, bevor Sie zur Formulierung Ihrer eigenen Ziele kommen, etwas Zeit, und überlegen Sie die folgenden Fragen:

- Wer sind Ihre Zuhörer, und welches Vorwissen bringen sie zu Ihrem Präsentationsthema mit? Sie können daraufhin alle schon bekannten Informationen aus der Präsentation herauslassen und den Schwierigkeitsgrad Ihrer Ausführungen genau auf dieses Vorwissen abstimmen.
- Was erwarten Ihre Teilnehmer von der Präsentation, und welche Interessen haben sie? So können Sie gezielt auf diese Interessen eingehen oder Teile Ihrer Präsentation, die damit nicht übereinstimmen, besonders sorgfältig vorbereiten und begründen.
- Wie sieht der Alltag Ihrer Zuhörer aus, mit welchen Schwierigkeiten und Problemen haben sie zurzeit vielleicht zu kämpfen? Sie können so leichter den Nutzen formulieren, den Ihre Ideen, Anregungen oder Ihr Produkt für die Einzelnen haben.
- Mit welchen Einstellungen und Erwartungen begegnen Ihre Teilnehmer dem Thema, den Inhalten oder gar Ihnen? Sie können so auf das, was Ihr Publikum besonders bewegt, angemessen eingehen. Und Sie können sich erste Gedanken über die Atmosphäre machen, in der die Präsentation stattfinden wird, beispielsweise eine eher lockere, legere oder etwas ernstere, auf Stil und Formen bedachte.

Scheuen Sie sich daher nicht, möglichst viele Informationen über das Publikum einzuholen. Dies können Sie beispielsweise folgendermaßen angehen:

- Rufen Sie ausgewählte zukünftige Teilnehmer an, und fragen Sie diese nach ihren Vorkenntnissen und Erwartungen oder gewünschten thematischen Schwerpunkten.
- Stellen Sie Ihrem Auftraggeber möglichst alle Fragen aus der folgenden Checkliste.
- Konsultieren Sie Kollegen und Bekannte, die schon vor der gleichen oder einer ähnlichen Gruppe präsentiert haben. Bitten Sie um einen Erfahrungsbericht über deren Publikum.
- Vergessen Sie nicht das Internet oder die Pressestelle des Unternehmens, bei dem Sie vielleicht zu Gast sind.

Mithilfe dieser Fragen sollten Sie etwas über Ihr späteres Publikum in Erfahrung bringen:

	mir bekannt	muss ich prüfen
● Wie viele Personen werden voraussichtlich an der Präsentation teilnehmen?		
● Welche Zusammensetzung wird der Zuhörerkreis haben? Dabei geht es um Positionen innerhalb der Firma, Funktionen und Aufgabengebiete. Wie viele Personen kommen von der Geschäftsführungs- oder Entscheiderebene, wie viele Personen eher von der Anwendungs- oder Durchführungsebene? Wer ist für welche Entscheidungen zuständig?		
● Welche Vertrautheit/Berührungspunkte mit dem Thema der Präsentation bringen die Teilnehmer mit?		
● Welches Vorwissen, welche Vorerfahrungen bringen die Teilnehmer zum anstehenden Thema mit?		
● Welche thematischen Schwerpunkte wünschen sich die Teilnehmer; welche Themenaspekte sollten ausführlicher, detaillierter dargestellt werden, welche Themenaspekte können eventuell aufgrund des Vorwissens ganz entfallen oder brauchen nur gestreift werden?		
● Welcher Präsentationszeitpunkt (vormittags, nachmittags, nach der Arbeit, Wochentag) ist dem Teilnehmerkreis am angenehmsten und für die Zielerreichung am wirkungsvollsten?		
● Welche Erwartungen haben die Teilnehmer an die bevorstehende Präsentation?		
● Mit welchen Schwierigkeiten und Problemen haben die Teilnehmer zurzeit in Ihrem (beruflichen) Alltag zu kämpfen?		
● Mit welcher Stimmung werden die Teilnehmer Ihnen voraussichtlich gegenübersitzen? Werden sie eher neutral abwartend, skeptisch bis negativ eingestellt oder positiv, offen und aufgeschlossen sein?		
● Welche Standards könnten die Teilnehmer erwarten, beispielsweise was die Medien oder die Raumausstattung betrifft?		
● Wer ist innerhalb des Zuhörerkreises der Hauptentscheidungsträger oder Meinungsführer? Wer sind die »grauen Eminenzen«?		
● Welche gegensätzlichen Interessenspositionen zu Ihrem Thema lassen sich beschreiben?		
● Welche Reizthemen sind bei den Anwesenden zu vermuten, die Sie möglichst umgehen sollten?		
● Welche Haltung nimmt das Publikum mehrheitlich Ihrem Thema, Produkt oder Anliegen gegenüber ein – eher positiv, ablehnend oder neutral?		
● Wenn es darum geht, den Zuhörerkreis von einem Produkt oder einer Idee zu überzeugen, ist auch wichtig, welche Argumente das Publikum am ehesten erreichen – Argumente in Richtung Sicherheit, Kosten, Optimierung, Qualität, Umwelt, Technologie, Image des Unternehmens, Prestige oder Status einzelner Anwesender?		

»Meinen Sie wirklich, dass man das alles rauskriegen kann?«

»Das dürfte eher die Ausnahme sein. Nur geht es nicht um eine vollständige Beantwortung aller Fragen. Es geht darum, dass Sie ein angemessenes Gefühl für das spätere Publikum bekommen! Je mehr Informationen Sie im Vorfeld erfragen können, desto besser können Sie sich vorbereiten und gehen wesentlich gelassener in die spätere Präsentation. Machen Sie einfach den Test: Gehen Sie vor Ihrer nächsten Präsentation sämtliche Fragen durch, und diskutieren Sie die Antwortideen mit einem Freund. Am Ende der Diskussion haben Sie garantiert ein sicheres Gefühl, wie Sie sich weiter vorbereiten müssen. Ihre Präsentation wird auf keinen Fall am Publikum vorbeigehen. Und sollten Sie nach der Diskussion sämtlicher Fragen immer noch nicht weiter sein, dann hilft nur der Griff zum Telefon oder der Blick ins Internet. Häufig wird es jedoch gar nicht dazu kommen. Sie wissen in der Regel schon mehr, als Sie sich vergegenwärtigen. Daher unser eindringlicher Rat: Gehen Sie alle Fragen sorgfältig und gewissenhaft durch.«

»Ich will es probieren!«

Was wollen Sie erreichen? Das Ziel Ihrer Präsentation

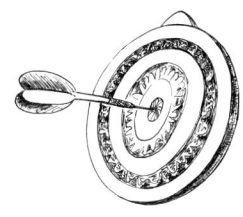

? Leitfragen: Was wollen Sie mit Ihrer Präsentation erreichen? Welches Ziel – oder welche Ziele – hat Ihre Präsentation? Was genau sollen Ihre Teilnehmerinnen und Teilnehmer am Ende der Präsentation wissen oder tun? Was konkret soll sich bei den Anwesenden durch Ihre Präsentation verändern?

Es soll Manager in deutschsprachigen Unternehmen geben, die mit ihrer Präsentation »einfach mal so über die neuen Entwicklungen informieren« wollen, oder »kurz die neuen Reklamationsprozesse aufzeigen« möchten. Aufmerksame Zuhörer fragen sich dann möglicherweise, was denn der da vorne eigentlich erzählt, was das mit ihnen als Zuhörern zu tun hat oder warum sie denn überhaupt ihre Zeit für ein »einfach mal so informiert werden« opfern sollen. Mit etwas Glück können die Zuhörer aus dieser Einführung den Bogen zur eigenen Praxis schlagen: »Aha, die neuen Reklamationsprozesse sollte ich kennen, weil sich damit die Durchlaufzeiten in der Abteilung erheblich verkürzen werden und das dann auch massive Auswirkungen auf meinen Aufgabenbereich haben wird.« Mit etwas Glück wohlgemerkt!

Wir sind der Meinung, das ein »einfach mal so informieren« nicht zielgerichtet sein kann und in einer Präsentation nichts verloren hat. »Einfach mal so informieren« kann man in der Kaffeepause, abends bei einem Glas Wein in lockerer Runde oder schneller per E-Mail. In einer Präsentation bittet ein Redner Menschen zu einer besonderen Veranstaltung, bei der es auch um etwas »Besonderes« geht. Der Präsentierende möchte mit seiner Rede, mit seinen Visualisierungen, mit seinem ganzen Auftritt etwas erreichen. Und dazu sollte er sich seiner Ziele bewusst sein und diese in der Präsentation konsequent und klar verfolgen und auch dem Publikum eindeutig bewusst machen.

Für Ihre Präsentation brauchen Sie also *konkret ausformulierte* Ziele. Nur sie geben Ihrer Präsentation eine eindeutige Ausrichtung und rechtfertigen den Zeitaufwand, den Sie investieren, und die Zeit, die die Zuhörer für Sie »opfern«.

Im beruflichen Alltag werden Sie wahrscheinlich weniger häufig die Gelegenheit haben, Ihre Präsentationsziele völlig eigenverantwortlich zu bestimmen. Sie werden es in der Regel mit mehr oder weniger exakten Vorgaben von Ihrem Chef oder anderen Auftraggebern zu tun haben. Eine denkbare Vorgabe aus unserem Eingangsbeispiel könnte lauten: »*... stellen Sie den Leuten die überarbeitete Kampagne vor.*« Hier liegt es nun bei Ihnen, aus diesem eher vagen Auftrag eine zielgerichtete Veranstaltung zu machen.

Natürlich können Sie die Ziele Ihrer Präsentation alleine im stillen Kämmerlein formulieren und aufschreiben. Wir empfehlen Ihnen jedoch, dies zusammen mit einem Freund, Bekannten oder Kollegen zu machen. Je hartnäckiger dieser nachfragt, umso besser. Es schützt Sie davor, sich zu schnell mit oberflächlichen Floskeln zufriedenzugeben.

Die grundsätzliche Frage lautet:

- Was möchte ich mit meiner Präsentation bei meinen Zuhörern erreichen?

Für die sorgfältige Zielformulierung hilfreich sind auch Fragen wie:

- Was genau sollen meine Zuhörer tun, wenn sie die Präsentationsveranstaltung verlassen?
- Zu welchem Denken und Handeln möchte ich meine Zuhörer bewegen?
- Was genau sollen meine Zuhörer am Ende der Präsentation wissen, und wozu sollen sie das wissen?
- Was sollen die Zuhörer mit den vermittelten Informationen anfangen, wie sollen sie sie anwenden oder nutzen?
- Was genau sollen meine Zuhörer am Ende der Präsentation gelernt haben, und welchen Nutzen bringt ihnen das Gelernte, was haben sie davon?
- Was möchte ich durch meine Präsentation bei meinen Zuhörern verändern und warum?
- Wie soll das Publikum in Zukunft mich, das von mir vetretene Unternehmen oder die Thematik der Präsentation sehen und beurteilen?

Das Ergebnis dieses Vorbereitungsschritts sind konkrete Zielformulierungen. Wir empfehlen, die Ziele aufzuschreiben. Nur dann können Sie prüfen, ob sie Ihren Intentionen entsprechen, ob diese Ziele genau das ausdrücken, was Sie ausgehend vom Anlass und der Vorgeschichte der Präsentation bei Ihrem Zielpublikum erreichen wollen. Und nur dann können Sie bei der Auswahl der Inhalte immer wieder gegenfragen, ob Sie genau die Inhalte ausformulieren und die Visualisierungen erstellen, die der Zielerreichung dienen.

Bitte formulieren Sie Ihre Zielstellung für die spätere Präsentation so, dass das Ziel für das Publikum klar erkennbar ist, dieses sich trotz aller Klarheit und Direktheit jedoch nicht brüskiert fühlt. Wenn es beispielsweise als Vertriebsbeauftragter Ihr Ziel ist, zuhörende Kunden zum Kauf Ihres Produktes zu motivieren, dann wäre ein »Zielsatz« wie »Mein Ziel mit dieser Präsentation ist es, dass Sie anschließend die Kauforder unterschreiben!« deutlich zu hart und »mit der Tür ins Haus« formuliert. Eine Zielformulierung wie »Ich will Ihnen die Vorteile des Produktes darstellen, damit Sie eine sichere Entscheidungsgrundlage für den Kauf haben!« ist genauso deutlich, aber weicher in der Formulierung. Wir empfehlen Ihnen, sich diesen ausformulierten und wohlüberlegten Zielsatz aufzuschreiben. Und wir empfehlen Ihnen, in der Präsentation vor und nach dem »Zielsatz« eine Sprechpause zu machen, damit auch ein vielleicht schläfriges Publikum klar mitbekommt, worum es in dieser Präsentation geht!

Beispiele für Zielformulierungen:

- »Ich möchte Ihnen die neuen Reklamationsprozesse darstellen, damit Sie sehen, welche Veränderungen sich für Sie aufgrund der verkürzten Durchlaufzeiten ergeben werden.«
- »Ich will Sie über die neuen Prozessabläufe in der Produktion umfassend informieren, damit wir zum Stichtag 15. August die Fertigung möglichst glatt und reibungslos umstellen können.«
- »Ich möchte, dass Sie die neuen Kundengruppen kennenlernen, damit sich jede und jeder von Ihnen bis zum nächsten Montag verbindlich entscheiden kann, welche Produkte besonders gut bei den Zielgruppen ankommen.«
- »Ich möchte Sie von den besonderen Vorzügen unseres neuen Hype-fix-Kopierers überzeugen und Sie dazu bewegen, das Gerät einen Monat lang zu unseren Sonderkonditionen zu testen.«
- »Wir möchten Sie als potenzielle Investoren davon überzeugen, dass unser Unternehmen über eine gesunde wirtschaftliche Basis verfügt, ausgezeichnete Perspektiven im Markt hat und eine Fülle von Potenzialen hat, die wir mit Ihrer Beteiligung aktivieren können. Darüber hinaus sollen Sie Vertrauen in das derzeitige Geschäftsleitungsteam gewinnen können.«

Für unsere eingangs genannte Beispielsituation »Präsentation der neuen Werbekampagne« könnten die Zielformulierungen so lauten:

- »Die Abteilungsleiterinnen und Abteilungsleiter lernen die gesamte überarbeitete Kampagne kennen und verstehen die Auswirkungen, die diese Kampagne auf ihre Arbeit haben wird. So können sie auf dem nächsten Workshop die Perspektiven ihrer Bereiche passgenau einbringen.«
- »Die Abteilungsleiterinnen und Abteilungsleiter lernen die gegenüber der früheren Kampagne veränderten Teile der neuen Fassung kennen. Dadurch können sie ihren Mitarbeitern die Folgen verdeutlichen, die sich durch die Anwendung dieser Kampagne in den Abteilungen ergeben.«
- »Die Abteilungsleiterinnen und Abteilungsleiter sollen von den Vorteilen, die die überarbeitete Kampagne für ihre Abteilungen hat, überzeugt werden. Sie sollen in der Besprechung mit der Geschäftsführung für die Einführung dieser neuen Fassung stimmen.«
- »Die Abteilungsleiterinnen und Abteilungsleiter sollen von den Vorteilen, die die neue Kampagne für das gesamte Unternehmen und für ihre Abteilungen hat, überzeugt sein. Sie sollen für die Mitarbeit an einer Arbeitsgruppe, die die Umsetzung dieser Werbekampagne vorbereitet, gewonnen werden.«

»Deutliche Worte. Aber ich habe noch einige Fragen: Sie haben die meisten Zielformulierungen als wörtliche Rede mit ›Ich möchte‹ oder ›Ich will Sie …‹ formuliert. Soll ich meinem Publikum die Ziele der Präsentation so eindringlich nennen?«

»Das empfehlen wir Ihnen sogar ausdrücklich. Damit schaffen Sie Spannung und Aufmerksamkeit. Sie stellen sich als jemanden dar, der ein Anliegen hat und dieses auch vertritt. Sie sagen Ihren Zuhörern, warum diese Ihnen zuhören sollen und was ihnen dieses Zuhören bringt. Außerdem legen Sie für sich die Messlatte natürlich genauso hoch auf, wie Sie auch springen möchten – und das sollten Sie bereits in der Vorbereitung immer als Orientierung vor sich haben. Deshalb empfiehlt es sich, schon bei der Vorbereitung Ihrer Präsentation die Ziele in der wörtlichen Rede zu formulieren. Zur genaueren Zielformulierung in der Einleitung der Präsentation kommen wir aber noch.«

»Nächste Frage: Mit einer Zielformulierung wie ›Ich möchte Ihnen unser neues Verfahren vorstellen‹ scheinen Sie nicht einverstanden zu sein, obwohl ich Derartiges immer wieder höre. Und es klingt doch nicht schlecht, oder?«

»Also, sollten Sie einmal überraschend und spontan vor Publikum reden müssen, dann dürfen Sie das auch einmal so formulieren. Aber es ist unter Ihren Möglichkeiten! Es ist nett, mehr aber auch nicht. Es stellt keinen Bezug zu den Interessen, Anliegen und Gefühlen Ihrer Zuhörerinnen und Zuhörer her. Der Satz ›Ich möchte … vorstellen‹ handelt von Ihnen und nicht von den wichtigsten Personen im Raum, Ihren Präsentationsgästen. Daher empfehlen wir bei der Formulierung von Zielen, die in Richtung Information gehen, bei denen also von ›informieren, darstellen, klugmachen‹ und Ähnlichem die Rede ist, einen Schritt weiterzugehen und zu fragen: ›Was haben die Zuhörer davon, wenn sie das wissen?‹ Also formulieren Sie besser: ›Ich möchte Sie … informieren, damit Sie in der Lage sind …‹ Eine Präsentation ist keine Einbahnshow, bei der Sie Ihr kluges Wissen abspulen, egal, wen das interessiert, sondern ein lebendiger Dialog, bei dem Sie in Kontakt zu den Wünschen, Interessen und Anliegen Ihres Publikums treten und diese mit Ihrem eigenen Anliegen verknüpfen.«

»Nun gut. Was ist mit der Situation, wo ich etwas vorstellen muss, weil mein Chef mir den Auftrag gegeben hat? Also ungefähr so: ›Im Auftrag von … möchte ich Ihnen … vorstellen.‹?«

»Wenn Sie damit andeuten wollen, dass Sie sozusagen verpflichtet wurden, diese Präsentation zu halten, dann raten wir Ihnen davon ab. Mit einer solchen Formulierung geben Sie die Verantwortung für die Inhalte Ihrer Präsentation an Ihren Chef oder die Geschäftsleitung ab. Sie machen sich zum Befehlsausführenden. Wollen Sie das wirklich? Dann lassen Sie die Präsentation doch gleich von Ihrem Chef halten. Wenn Sie den Job übernehmen, dann wird er auch zu Ihrer ureigenen Angelegenheit mit Ihrer zuhörerorientierten Zielformulierung. Hintergründe dazu soll Ihnen Ihr Chef geben.«

»Sie erwarten aber viel eigenes Engagement und viel Unternehmensloyalität von mir!«

»Sie sagen es! Aber nun etwas versöhnlicher: Wir erleben im beruflichen Alltag sehr viel Herumpräsentiererei, Chartschlachten ohne Sinn und Verstand. Das ist verschenkte Lebenszeit. Und es sind verschenkte Chancen. Probieren Sie es einmal anders, formulieren Sie knackige, herausfordernde Ziele.«

»Noch etwas, das Thema ist ja wichtig: Wenn ich bei meiner Vorbereitung mehrere Ziele gefunden habe, könnte durchaus das eine oder andere dabei sein, das ich nicht veröffentlichen möchte. Wie gehe ich damit um?«

»Das gibt es in der Tat! Beispielsweise kann ein heimliches Ziel in einer Projektabschlusspräsentation darin bestehen, sich für einen Folgeauftrag zu platzieren, dessen Parameter man schon einmal elegant in die aktuelle Präsentation eingebaut hat. Auch kann ein heimliches Ziel in einer Präsentation darin bestehen, nicht nur das Publikum von einer Idee zu begeistern, sondern sich selbst gleichzeitig für ›höhere Weihen‹ ins Gespräch zu bringen. Präsentationen bieten sich da immer wieder gerne an. Wie auch immer: Derartige heimliche Ziele gibt es, Sie sollten sie bei der Vorbereitung für sich persönlich offen durchdenken. Welche Ziele Sie letztlich zu Beginn Ihrer Rede veröffentlichen, das entscheiden Sie nach eigenem Gutdünken.«

Tipps für Ihre Vorbereitung

- Ausgehend vom Anlass und der Vorgeschichte Ihrer Präsentation und ausgehend von Ihren intensiven Überlegungen zum Publikum fragen Sie sich:
    - Was möchte ich mit meiner Präsentation bei den Zuhörern erreichen?
    - Was hat sich bei meinen Zuhörern verändert, wenn sie die Veranstaltung verlassen?
    - Was genau sollen meine Zuhörer tun, wenn sie die Präsentation verlassen?
    - Was genau sollen meine Zuhörer am Ende der Präsentation gelernt haben, und welchen Nutzen bringt ihnen das Gelernte, was haben sie davon?
- Formulieren Sie so konkret wie möglich die Ziele Ihrer Präsentation. Formulieren Sie positive und möglichst beobachtbare Verhaltensweisen.
- Überprüfen Sie, wie realistisch das Erreichen Ihres Ziels in der bevorstehenden Präsentation wirklich ist. Überarbeiten Sie gegebenenfalls Ihr Ziel oder Ihre Ziele.
- Prüfen Sie nochmals, ob die formulierten Ziele Ihr Anliegen treffen und auch auf die Wünsche, Bedürfnisse, Interessen der Teilnehmer zugeschnitten sind. Überarbeiten Sie gegebenenfalls die Ziele.

Was wollen Sie präsentieren?
Die Inhalte Ihrer Präsentation

? Leitfragen: Was wollen Sie präsentieren? Welche Inhalte, welche Kernbotschaften wählen Sie aus, um Ihre Ziele und Ihr Publikum zu erreichen?

Wir haben den gesamten Vorgang der Inhaltsbearbeitung in drei Schritte unterteilt:

- In einem ersten Schritt können Sie vielfältige Informationen, die Sie später nutzen, erst einmal *sammeln*.
- Aus dem großen Angebot der Ihnen zur Verfügung stehenden Fakten, Informationen, Bilder, Thesen etc. müssen Sie die für die Zielerreichung und Publikumsansprache notwendigen Inhalte *auswählen*.
- Der dritte Schritt besteht darin, alle Inhalte, die in die Präsentation gehören, *aufzubereiten* – also in eine angemessene Reihenfolge zu bringen und teilweise in Visualisierungen umzusetzen.

Das Sammeln der Informationen

Die Leitfrage für die Informationssammlung lautet: »Was gehört im weitesten Sinne zum Thema der Präsentation?« Gehen Sie hier eher »brainstorminghaft« vor, und notieren Sie sich auf einem großen Blatt Papier oder einem Flipchart in Ihrem Büro die Inhalte, Themen, Schlagworte, die Ihnen unter der Leitfrage spontan in den Sinn kommen.

Nur: Müssen Sie wirklich noch neue Inhalte sammeln? Dies wird dann der Fall sein, wenn Sie zu einem Ihnen eher unvertrauten Thema eine Präsentation vorbereiten. Dann werden Sie kurzzeitig »Jäger und Sammler«. Das Ergebnis Ihrer (vielleicht auch internetgestützten) Bemühungen wird eine Unmenge an Informationen sein, die Sie möglichst frühzeitig zum Auswählen zwingen wird. Die meisten Präsentationssituationen in der Praxis benötigen jedoch keine umfangreichen Informationssammlungen mehr: Sie kennen Ihr Aufgabengebiet, verfügen über genug Informationen, wissen meist viel mehr, als in der Präsentation Platz finden wird. In einem solchen Fall werden Auswählen und Aufbereiten der geeigneten Inhalte Ihre Vorbereitung bestimmen.

Das Auswählen der Inhalte

Die Auswahl der Inhalte für die Präsentation, also der Kernaussagen, der Ideen, die Sie darstellen wollen, der Bilder, die Sie verwenden möchten, all das geschieht unter der Leitfrage: »Welche Inhalte möchte ich für meine besonderen Zuhörerinnen und Zuhörer auswählen, um meine konkreten Ziele in der zur Verfügung stehenden Präsentationszeit zu erreichen?«

Das wichtigste Kriterium für die Auswahl der Inhalte bildet das zuvor mit Blick auf Ihre Präsentationsgäste ausformulierte Ziel. Alle anderen Inhalte, die nichts Wesentliches zur Zielerreichung beitragen, haben in Ihrer Präsentation

keinen Platz. Der Zweck einer Präsentation ist es nicht, alles zu präsentieren, was sich zu einem Themengebiet sagen lässt, sondern das genau umrissene Ziel zu erreichen.

Außerdem orientiert sich die Auswahl der Inhalte an den Teilnehmerinnen und Teilnehmern Ihrer Präsentation. Als Ergebnis Ihrer Publikumsanalyse oder der Befragung einiger Zielpersonen ist Ihnen einerseits bekannt, was Ihr Publikum schon weiß, andererseits, was neu und sehr interessant ist. Mit diesem Wissen können Sie sich relativ sicher davor schützen, den Anwesenden »kalten Kaffee« zu servieren. Wählen Sie also Ihre Inhalte teilnehmer-, d.h. kundenbezogen aus.

Sie sollten noch ein weiteres Kriterium bei der Auswahl der Inhalte bedenken: die Ihnen für die Präsentation zur Verfügung stehende Zeit. Wenig Präsentationszeit erlaubt nur wenige, aber wesentliche Inhalte!

Nachdem Sie die wichtigsten Inhalte ausgewählt haben, kann es sinnvoll sein, den Rest daraufhin zu prüfen, ob er möglicherweise »Futter« für die Frage- und Diskussionsrunde im Anschluss an Ihre Präsentation bietet. Das schafft zusätzliche Sicherheit für die Phase Ihres Auftritts, die nicht bis ins letzte Detail zu planen ist.

In unserem Beispiel könnte die Auswahl der Inhalte je nach gewähltem Ziel von folgenden Überlegungen begleitet sein:
Sie wollen, dass die Abteilungsleiterinnen und Abteilungsleiter die vorgestellte Werbekampagne kennenlernen und die Auswirkungen auf die eigene Arbeit verstehen, damit sie sich im nächsten Workshop passgenau einbringen können. Sie überlegen unter anderem: »Was sollte zum Verständnis der gesamten Kampagne mindestens dargestellt werden, und worauf kann ich dabei verzichten? Welche Auswirkungen hat die Kampagne auf alle Abteilungen gleichermaßen, welche auf die einzelnen? Welche davon stelle ich dar, welche erwähne ich nur am Rande?« Sie wollen aber auch, dass Ihnen aufmerksam zugehört wird und dass alle ganz bei der Sache sind. Also überlegen Sie bei der Auswahl der Inhalte auch: »Was könnte die Abteilungsleiterinnen und Abteilungsleiter bei der Darstellung der gesamten Kampagne zu-

sätzlich besonders interessieren? Kann ich darauf eingehen, ohne das Verständnis zu erschweren oder die mir zur Verfügung stehende Zeit zu überschreiten?«.

Sie wollen die Abteilungsleiterinnen und Abteilungsleiter davon überzeugen, dass die überarbeitete Werbekampagne Vorteile für die Firma und die einzelnen Abteilungen hat. Außerdem wollen Sie einige von ihnen für die Mitarbeit in der Arbeitsgruppe gewinnen. Bei der Auswahl der Inhalte stellen Sie zuerst die zentralen Vorteile der neuen Kampagne für die Firma und dann möglichst viele Vorteile der Kampagne für die einzelnen Abteilungen zusammen. Die weitere Frage, nach der Sie Inhalte auswählen, lautet also: »Welcher Nutzen, welche Vorteile bietet eine Mitarbeit in der Arbeitsgruppe den Teilnehmern an der Präsentation?« Da Sie mit Zurückhaltung bei der Bereitschaft zur Mitarbeit in der Arbeitsgruppe rechnen, sammeln Sie im Rahmen der Vorbereitung möglichst viele Einwände und überlegen, wie Sie die gewichtigsten davon schon während der Präsentation mit eleganten Argumenten entkräften können.

»So wie Sie das hier beschreiben, scheint die Auswahl der Inhalte eine leichte Sache zu sein. Sie leitet sich ja fast von selbst aus der Zielformulierung ab.«

»Gut erkannt. Wenn ich in einem Präsentationscoaching beispielsweise einen Geschäftsführer bei der Erstellung einer wichtigen Präsentation unterstütze, liegt der Schwerpunkt meiner Beratung in der Ausformulierung der Präsentationsziele oder des Zieles. Damit beschreiben wir sozusagen die ›Seele‹ der Präsentation. Je exakter wir diese in den Griff bekommen, desto einfacher wird dann die Auswahl der Kernaussagen. Wir wissen sicher, wonach wir suchen. Die beiden Beispiele geben den Prozess natürlich etwas verkürzt wieder. Die Suche nach Argumenten, die für eine Mitarbeit der Abteilungsleiter in der Arbeitsgruppe sprechen, kann noch ganz schön Mühe kosten. Aber die dabei gefundenen Argumente treffen eines der Ziele für diese Präsentation. Sie müssen dann nur noch ausformuliert und in eine schöne Visualisierung umgesetzt werden.«

»Und die Reihenfolge der Argumente sollte noch geprüft und überlegt werden!«

»In der Tat, womit wir beim dritten Schritt wären, der Aufbereitung der Inhalte.«

Das Aufbereiten der Inhalte

Beim Aufbereiten der ausgewählten Inhalte geht es um die Reihenfolge Ihrer ausgewählten Inhalte oder Argumente zur Zielerreichung sowie um die Unterstützung durch Visualisierungen.

> **? Leitfragen für die Festlegung der Reihenfolge:** Mit welchem Inhalt oder Argument beginne ich, was kommt danach, und womit schließe ich ab, damit ich ein optimales Verständnis erziele oder damit mir eine wirksame Überzeugung gelingt?

Auf die verschiedenen Möglichkeiten, den Aufbau der Argumente zu gestalten, gehen wir ausführlich auf Seite 50 ff. ein.

> **? Leitfragen für Visualisierung und Medieneinsatz:** Wie kann ich die Inhalte und Argumente mithilfe von bildhaften Mitteln so darstellen, dass ihre Überzeugungskraft unterstützt wird und sie nachhaltig im Gedächtnis möglichst vieler Teilnehmer bleiben? Oder bei einer Präsentation, in der es eher um das Informieren geht: Wie kann ich die zu vermittelnden Informationen bildlich so aufbereiten, dass sie ohne Bedeutungsverlust leicht vom Publikum aufgenommen werden? Wie können mir zum Beispiel hierbei auch das Medium PowerPoint oder das Flipchart, die Pinnwand helfen?

Mit diesen Fragen werden wir uns im Kapitel »Vorbereitung III: Mit und ohne PowerPoint – Präsentieren heißt visualisieren« auf Seite 63 ff. beschäftigen.

Vorbereitung II: Zwischen Anfang und Abschluss – der Aufbau Ihrer Präsentation

- Überzeugend anfangen – der sichere Einstieg
- Umfassend, umsichtig und umwerfend argumentieren – der Hauptteil
- Aktiv abschließen – der Schlussteil
- Wie lange darf es denn dauern? Die liebe Zeit

»Normalerweise würde ich an dieser Stelle ja schon Charts herstellen, schließlich weiß ich jetzt, was ich will und welche Fakten ich darstellen möchte! Und so machen es auch fast alle meine Kolleginnen und Kollegen. Aber bei Ihnen steht die Chartherstellung ja wohl auf verlorenem Posten?!«

»Nicht ganz. Wir empfehlen das Erstellen der Visualisierungen, also beispielsweise der PowerPoint-Charts oder eines Flipchartblattes erst dann, wenn Sie vollständig wissen, wie Sie vorgehen werden. Sonst laufen Sie Gefahr, doppelte Arbeit machen zu müssen.

Ganz konkret: Sie haben sich mit Anlass und Vorgeschichte Ihrer Präsentation auseinandergesetzt und kennen die Hintergründe Ihres Auftritts. Dann haben Sie Informationen über Ihre Zuhörerinnen und Zuhörer gesammelt. Sie haben jetzt ein gutes oder zumindest besseres Gefühl als vorher, wem Sie gegenübertreten und wie Sie mit den Menschen ›arbeiten‹ werden. Und Sie haben sich äußerst intensiv über Ihre Ziele Gedanken gemacht, diese sogar unter großer Mühe auch zu Papier gebracht. Sie wissen jetzt, was Sie wirklich erreichen wollen und können. Entsprechend haben Sie schon eine lange Liste mit möglichen Inhalten, die Sie präsentieren werden. Der Hauptteil Ihrer Präsentation sieht also schon ganz gut aus. Aber wie wollen Sie loslegen? Wie gestalten Sie den außerordentlich wichtigen Einstieg, mit dem Sie Ihre Präsentationsreise beginnen? Viele Redner beginnen nach einer kurzen Begrüßung gleich mit den Inhalten. Wir wünschen uns da einen eleganteren Einstieg. Und wie werden Sie im Hauptteil Ihre Argumente aufbauen? Nur nach dem Zufallsprinzip doch wohl nicht! Und dann der Schluss, von den meisten Rednern gerne ignoriert und mit einem ›Das war's dann‹ oder ›Damit bin ich am Ende meiner Rede‹ abgetan. Auf den Punkt gebracht: Überlegen Sie als Nächstes, wie Sie Ihre Präsentation aufbauen. Dabei fallen Ihnen sicherlich noch pfiffige Ideen für Visualisierungen ein, die Sie anschließend alle auf einen Rutsch erstellen.« Damit Sie aber nicht ganz auf ein Chart verzichten müssen, haben wir unseren Vorschlag für den Aufbau einer Präsentation als PowerPoint-Chart erstellt und hier abgebildet.«

Der Grundaufbau einer Präsentation

⇨ Begrüßung, Höflichkeitsadressen

⇨ Namentliche, funktionale Kurzvorstellung

⇨ Opener-Element

⇨ Thema der Präsentation

⇨ Ziel der Präsentation

⇨ Persönliche Kompetenzdarstellung

⇨ Ablauf / Inhalte / Frageregelung

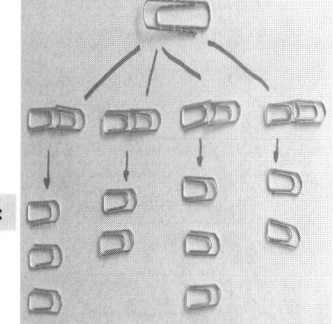

⇨ Hauptteil mit eigener Binnenstruktur, beispielsweise:

⇨ Inhaltliche Zusammenfassung

⇨ Nutzenresümee oder Handlungsempfehlungen

⇨ Schlussappell

⇨ Eröffnung Fragen-/Diskussion

www.praesentieren.biz

Anmerkung zum PowerPoint-Chart: Sämtliche in diesem Buch abgedruckten Charts sind aus drucktechnischen Gründen in Graustufen gesetzt. Für Ihre Präsentation sollten Sie natürlich mit passenden Farben arbeiten, um die drei Blöcke in diesem Chart – Einleitungsteil, Hauptteil und Schlussteil – elegant voneinander abzusetzen.

Überzeugend anfangen – der sichere Einstieg

Zu Beginn drei persönliche Vorbemerkungen:

- Wir stellen die einzelnen Bausteine der Einleitung in der Reihenfolge dar, wie sie auch von uns als Autoren überwiegend in der Praxis Anwendung findet. Je nach Anlass und Gruppe kann es aber sinnvoll sein, die Reihenfolge zu verändern, beispielsweise die fachliche Kompetenz direkt nach der Begrüßung darzustellen, vor allem, wenn die Präsentation keinen *Opener* hat. Entscheiden Sie selbst, wie Sie vorgehen wollen.
- In unserer eigenen Präsentationspraxis bemühen wir uns, sämtliche Schritte der Einleitung auch durchzuführen. Nur in einem Fall machen wir eine Ausnahme: Wenn uns zu einem bestimmten Thema und Publikum kein passender *Opener* einfällt, dann kann dieser Baustein entfallen.
- Und noch ein praktischer Tipp: In der Praxis hat es sich als sinnvoll herausgestellt, einzelne Teile der Einleitung im Präsentationsmanuskript auszuformulieren und im Falle großer innerer Anspannung auch vorzulesen. Beispielsweise können das sein:
  - die ersten Sätze der Begrüßung,
  - die Namen der Kopräsentierenden bei einer Gruppenpräsentation, insbesondere wenn Sie die Personen nicht so gut kennen,
  - die Namen einzelner Personen aus dem Publikum, die Sie gezielt ansprechen und adressieren wollen,
  - die exakte Formulierung des Präsentationszieles, den schon genannten Zielsatz.

Begrüßung und namentliche Vorstellung

! **Leitgedanke:** Die Teilnehmer sollen ihre Aufmerksamkeit auf Sie richten und sich mit Ihnen vertraut machen können. Sie sollen in den ersten Sekunden positiv auf die Präsentation eingestimmt werden.

Schweigen Sie! Jedenfalls für zwei bis drei Sekunden. Sobald es losgeht, Sie nach vorne gegangen sind oder ein Vorredner Sie eingeführt hat, Sie die Technik einsatzbereit gemacht haben und nun Ruhe eintritt. Schweigen Sie! Wirklich nur für knapp zwei Sekunden. Blicken Sie kurz in die Runde, lächeln Sie, und dann legen Sie los. Sammeln Sie sich dabei, gestatten Sie dem Publikum, sich kurz an Sie zu gewöhnen, und signalisieren Sie allen, dass Sie bestimmen, wann es losgeht. Es ist Ihre Veranstaltung, da lassen Sie sich nicht hetzen. Sie haben den zeitlichen Ablauf im Griff, nicht die Zeit Sie. Probieren Sie es aus! Es ist faszinierend, zu erleben, wie dieser kurze Moment des Schweigens Sie souveräner erscheinen lässt, als Sie sich vielleicht fühlen.

Jetzt können Sie Ihr Publikum begrüßen:

> »Guten Tag, meine Damen und Herren. Mein Name ist ... Ich möchte Sie herzlich zur Vorstellung der neuen Werbekampagne begrüßen.«

Gestalten Sie die ersten Sätze freundlich und sympathisch. Nutzen Sie die hohe Anfangsaufmerksamkeit im Publikum, und wenden Sie sich ihm mit Körperhaltung, Blickkontakt, Mimik und Gestik ganz zu.

Stellen Sie sich in dieser anfänglichen Begrüßung durch die Nennung Ihres vollständigen Namens vor. Sprechen Sie dabei Ihren Namen laut, verständlich oder langsam genug aus, wenn Sie einen mehrsilbigen oder ungewöhnlichen Namen haben. Zusätzlich kann Ihr Name auch auf dem Begrüßungs- oder Agendachart visualisiert sein: »Doppelt genäht hält besser!« Nichts wäre unangenehmer für einen Teilnehmer, als wenn er Sie nicht persönlich beispielsweise bei Fragen ansprechen kann. Und noch etwas: Nennen Sie Vor- und Nachnamen. Es klingt freundlicher, wenn Sie sagen: »Mein Name ist Clara Funk« anstatt »Mein Name ist Funk«.

Der Opener

! Leitgedanke: Die Teilnehmer sollen spielerisch, witzig, assoziativ, wertschätzend oder überraschend mit der Thematik der Präsentation konfrontiert werden. Der Opener soll ein Lachen erzeugen und die Aufmerksamkeit auf die kommende Präsentation positiv steigern. Ein Opener kann aber auch provozieren, kurz und prägnant ein Problem darstellen und das Publikum unvermittelt damit konfrontieren.

»Wertschätzend« und »spannend« – das sind aus unserer Sicht die wichtigsten Eigenschaften, die einen guten *Opener* ausmachen. Was im angelsächsischen Präsentationsalltag selbstverständlich ist, eine Präsentation mit einem *Joke*, einer *Anekdote* oder einem *Cartoon* zu eröffnen – und dies häufig gleich zu Beginn der Rede noch vor der Begrüßung des Publikums –, das ist im deutschsprachigen Raum noch lange nicht die Regel. Ein *Opener* kann eine kleine Geschichte sein, eine Randbemerkung, ein »verrücktes« Bild oder Ähnliches, etwas, das mit dem Thema oder dem Kern der Präsentation zu tun hat und dieses auf liebenswerte Weise karikiert. Der Redner macht sich damit über sich selbst oder über das Thema lustig, dies aber auf eine Weise, die beim Publikum positiv ankommt, ein Lachen erzeugt und gleichzeitig die Spannung auf die Inhalte oder den Redner erhöht. Ein *Opener* kann aber auch provozieren, die ganze Schwere eines Problems auf den Punkt bringen und damit die Aufmerksamkeit steigern.

In unserem Beispiel könnte die Rednerin

- eine rhetorische Frage stellen: »Haben Sie sich nicht auch gewundert, dass wir unsere Werbekampagne schon wieder überarbeitet haben?«
- ein Zitat bringen: »Erich Kästner hat mal gesagt: ›Es gibt nichts Gutes, außer man tut es.‹ Für uns im Marketing bedeutet die neue Werbekampagne dagegen …«
- mit spektakulären Fakten aufwarten: »In den letzten sechs Monaten haben unsere Mitbewerber ihren Marktanteil um das Dreifache steigern können! Ohne eine erfolgreiche Werbekampagne wird unser neues Produkt – in das viel Geld investiert wurde – mit Glanz und Gloria untergehen!«

Ein *Opener* kommt überraschend und zielt auf die Gefühle der Anwesenden. Auch wenn er provoziert oder bewusst Fragen aufwerfen will, wie das folgende Beispiel:

»Es geht um das Thema ›Problembearbeitung‹ in unserer Firma. Dazu eine kleine Geschichte nach Paul Watzlawick: Mitten in der Nacht steht ein etwas weinseliger Mann unter einer Laterne und sucht seine Hausschlüssel. Ein Polizist kommt vorbei und hilft ihm dabei. Nach einer Weile erfolglosen Suchens fragt der Polizist den Mann, ob dieser sicher sei, die Schlüssel gerade an dieser Stelle verloren zu haben. ›Nein‹, entgegnet der Mann ›verloren habe ich ihn dahinten. Aber da ist es jetzt zu dunkel, um zu suchen.‹ – Was sagt Ihnen diese Geschichte, wenn Sie nun an den Umgang miteinander in unserer Firma nachdenken? Thema meiner Präsentation wird die Problembearbeitung in unserer Firma sein …«

Der *Opener* sollte das Publikum niemals verletzen und den wertschätzenden Umgang des Präsentierenden mit dem Publikum nicht beeinträchtigen. Daher verbieten sich viele Witze, da sie zumeist zulasten bestimmter Gruppen gehen. Gute *Opener* sind nicht leicht zu finden. Dafür sorgen die wirklich guten dafür, dass das Publikum Ihnen für den Start Ihrer Präsentation aufgeschlossen und positiv gegenübersitzt. Die Suche lohnt sich also. Sollte Ihnen jedoch gar nichts einfallen, dann streichen Sie diesen Baustein aus Ihrer Präsentation.

Ein weiteres Beispiel für einen *Opener*, bei dem die Teilnehmer aktiv werden: »Es geht in unserem Abteilungsworkshop um das Thema ›gemeinsame Visionen und Perspektiven für die Zukunft‹. Es geht also auch um die Frage, in welche Richtung wir die Abteilung vorantreiben wollen. Dazu vielleicht eine kleine Einstimmung. Schließen Sie alle bitte einmal die Augen. Und bitte nicht schummeln, es wird Ihnen nichts passieren! Halten Sie bitte die Augen geschlossen. Jetzt heben Sie bitte den rechten Arm und zeigen mit dem Zeigefinger in die Richtung, wo Norden liegt. Dabei die Augen geschlossen halten. (Alle strecken die Hände aus und zeigen in der Regel in unterschiedliche Richtungen.) Jetzt lassen Sie bitte die Arme ausgestreckt und öffnen die Augen. (Gelächter.) So weit eine Einstimmung zur Frage, in welche Richtung wir die Abteilung vorantreiben wollen …« (P.S.: Auf die sicher gestellte Teilnehmerfrage, wo denn bitte Norden genau liegt, können Sie mit einem kleinen Kompass in der Hand jeden Richtungsstreit entscheiden.)

Ein *Opener* kann aber auch ein Foto oder eine Karikatur sein:

Anmerkung zum PowerPoint-Chart: Dieses kleine Bild kommt nicht aus dem Internet, sondern von unserer Grafikerin Ulrike Rath. Sie hatte es vor einigen Jahren für einen Artikel zum Thema »Teamtraining« gezeichnet. Es ist einmalig und wird von den Autoren auch in Präsentationen als Illustration genutzt. Ein Beispiel für unsere Empfehlung im Kapitel »Visualisierung«: Legen Sie sich langfristig einen kleinen Fundus von eigenen Bildern und Zeichnungen an, mit denen Sie sich von der Masse der Clip-Art-Präsentierenden absetzen.

So werden wir das erfolgreichste Team im Unternehmen!

www.praesentieren.biz

Thema und konkrete Ziele der Präsentation

! Leitgedanke: Die Teilnehmer erhalten eine Orientierung. Sie erfahren, worum es in der Präsentation geht und welche konkreten Ziele Sie erreichen wollen. Sie wissen danach, was die Präsentation mit ihnen zu tun hat und warum es sich lohnt, Ihnen aufmerksam zuzuhören.

Stellen Sie mit wenigen Sätzen das konkrete Thema Ihrer Präsentation vor, und nennen Sie den Anwesenden das Ziel, das Sie mit dieser Präsentation erreichen wollen.

Zum Thema der Präsentation: Natürlich liegen Sie nicht falsch, wenn Sie sagen: »Thema der heutigen Präsentation ist die neue Werbekampagne.« Sie könnten aber auch einleiten mit: »Mein Thema heute: ›Marktanteile gewinnen durch die neue Kampagne‹!« Oder: »Da werden die Kunden große Augen machen! Unsere Power-Kampagne als Meilenstein für die Marktführerschaft!« Der Titel, den Sie Ihrer Präsentation geben, wirkt sich auf die Aufmerksamkeit, die Stimmung und die Erwartungen der Teilnehmer aus. Wollen Sie eher nüchtern und sachlich daherkommen oder fetzig, provozierend, mitreißend oder doch lieber irgendwo dazwischen? Überlegen Sie: Welche Formulierung passt zum Anlass, zum Publikum, zum Thema, zu Ihnen, zum Ziel der Präsentation und zum Stil des Unternehmens oder der Organisation, in der Sie tätig sind?

Und was das Ziel Ihrer Präsentation angeht: In der Praxis erleben wir bisweilen, dass Präsentierende das Ziel ihrer Präsentation nicht nennen. Dafür kann es mehrere Gründe geben: Der erste liegt darin, dass der Redner kein auf die Zielgruppe zugeschnittenes konkretes Ziel ausformuliert hat. Er informiert einfach mal so über die neue Werbekampagne. Das Publikum reagiert entsprechend: »Warum bin ich eigentlich hier, was soll ich mit dem Ganzen anfangen?«

Der zweite Grund für das nicht genannte Ziel liegt häufig darin, dass sich Präsentierende nicht trauen, ein Ziel zu nennen: »Damit lege ich ja die Messlatte fest, an der meine Ausführungen gemessen werden, und ich bin mir nicht sicher, ob ich diesen von mir gesetzten Anspruch auch einlösen werde. Dann lege ich doch besser kein Ziel fest, dann gibt es nichts, woran ich gemessen werden kann.«

Damit wird leider eine große Chance zu Beginn der Präsentation vertan. Denn es ist gerade dieser Anspruch des Präsentierenden an sich und sein Thema, der die Zuhörer aufmerksam werden lässt. Denn sie erfahren an dieser Stelle, was die Präsentation ganz konkret mit ihnen zu tun hat, was sie ihnen bringt oder auch zumutet. Sie sitzen damit nicht in einem Vortrag, den sie einfach so über sich ergehen lassen, sondern in einer Veranstaltung von deren Inhalten sie – mal mehr, mal weniger – direkt betroffen sind.

> In unserem Beispiel könte der Zielsatz für die Werbekampagnenpräsentation lauten:
> »Meine Damen und Herren. Ich möchte Sie heute vom Nutzen, den die neue Kampagne für das gesamte Unternehmen und gleichzeitig für Ihre Abteilungen hat, überzeugen. Gleichzeitig möchte ich Sie für die aktive Mitarbeit in der Arbeitsgruppe, die die Umsetzung dieses Entwurfs betreut, gewinnen.«
> Die mögliche und berechtigte Reaktion aus dem Publikum könnte lauten: »Aha, von der tollen neuen Kampagne will er mich überzeugen, damit ich mitarbeite in dieser Arbeitsgruppe, obwohl ich doch sowieso schon überlastet bin. Dann soll der liebe Kollege mal gute Gründe nennen.«

Was noch für einen eindeutigen Zielsatz spricht: In unserem Alltag erleben wir immer wieder, dass uns ein Produkt oder eine Idee »im Vorübergehen« vorgestellt werden soll, obwohl es sich in Wahrheit um eine »versteckte« Überzeugungsveranstaltung handelt. Und am Ende kommt das, was wir vorher schon geahnt haben: der Bestellschein, der Mitgliedsantrag oder die Aufforderung zur freiwilligen Mitarbeit. Wir sollten unter dem Vorwand, informiert zu werden, in Wirklichkeit überredet, zum Kauf animiert werden. Als Gefühl bleibt dann zurück: »Hier wurde eingangs mit falschen Karten gespielt.«

Durch die Zielnennung in der Einleitung präsentieren Sie sich dagegen als offen, fair und klar in dem, worum es Ihnen geht und was Sie beim Publikum erreichen wollen. Sie zeigen, dass Sie Ihr Publikum ernst nehmen und sich ihm gegenüber transparent verhalten. Dies wird honoriert:

Man hört Ihnen zumindest aufmerksam zu, und meistens steigt dadurch auch die Akzeptanz für Ihre Inhalte. Ihre Präsentation und Sie als Präsentierender erhalten eine Art Vertrauensvorschuss.

»Kann ich denn zu Beginn meiner Präsentation so einfach sagen, dass ich möchte, dass die Zuhörer mein Produkt kaufen? Wirkt das nicht etwas plump?«

»Zum einen: Wenn Sie mit Ihrer Präsentation das Ziel verfolgen, dass Ihr Publikum etwas Bestimmtes tun soll, beispielsweise Ihr Produkt kaufen, Ihren Verbesserungsvorschlag umsetzen, Ihnen Mittel bereitstellen, um eine Erfindung weiterzuverfolgen, dann machen Sie das zu Beginn der Präsentation auch deutlich. Etwas anderes ist es, wie Sie dieses Ziel so elegant formulieren, dass es zwar eindeutig, gleichzeitig aber verbindlich und seriös daherkommt. So könnten Sie beispielsweise formulieren: ›Ich möchte Sie davon überzeugen, … in Ihre Gebäude einzubauen‹, oder: ›Ich möchte vorschlagen, den verbesserten Prozess zum 1. Januar für alle Außenstellen verbindlich einzuführen.‹ Auf Seite 28 hatten wir Ihnen ja schon einige Vorschläge für eine elegante Zielformulierung gemacht. Die endgültige Formulierung entscheiden jedoch Sie, und damit legen Sie den Anspruch fest, den Sie mit Ihrer Präsentation erheben.«

Darstellung Ihrer fachlichen Kompetenz

! Leitgedanke: Die Teilnehmer sollen zu Ihrer thematischen Kompetenz Vertrauen entwickeln. Sie sollen das Gefühl bekommen, dass es sich lohnt, gerade Ihnen heute genau zu diesem Präsentationsthema zuzuhören. Dadurch wird auch das Interesse an den von Ihnen vorgetragenen Inhalten gesteigert.

Hier geht es nicht darum, allen mitzuteilen, dass Sie »die oder der Größte« sind; es geht vielmehr darum, dass Sie dem Publikum mit wenigen Sätzen darstellen, was Sie mit dem Thema zu tun haben, wo Sie ein besonderes Wissen, eine besondere Expertise, Erfahrungen oder Lösungs-Know-how zu einem Thema mitbringen. Oder – wenn Sie hier nicht glänzen können – sicherlich können Sie dem Publikum mitteilen, welche besonderen Vorarbeiten Sie für diese Präsentation gemacht haben, mit wem Sie sich abgestimmt haben, wo Sie besonders umfassend und sorgfältig recherchiert haben! Die Botschaft hinter all dem: »Aus diesem Grund lohnt es sich, mir zuzuhören, ich kann inhaltlich fundiert informieren und argumentieren.«

Wenn Sie sich als Leiter der Projektgruppe vorstellen, die die überarbeitete Werbekampagne in den letzten Wochen entwickelt hat, wird man eher geneigt sein, Ihre Darstellung aufmerksam zu verfolgen, als wenn Sie über etwas berichten würden, mit dem Sie sonst nichts zu tun haben: »Gestern bin ich beauftragt worden, Ihnen einige Charts …« Positiv formuliert: »Ich bin seit … Jahren im Marketing verantwortlich für das Produkt X.« Oder etwas ausführlicher: »Nachdem ich mehrere Jahre im Außendienst für den Verkauf von … unterwegs war, betreue ich nun seit einem Jahr die Markteinführung von …« Und für jüngere Mitarbeiter: »Nach meiner Ausbildung als … mit den Schwerpunkten … beschäftige ich mich zurzeit intensiv mit dem Thema Kundenreklamationen.« Wie ausführlich Sie die – immer jedoch kurze – Selbstdarstellung gestalten, hängt einzig von Ihrem Publikum ab. Je nach Zusammensetzung kann es sinnvoll sein, den einen oder anderen Kompetenzbeweis aus früheren Zeiten in die Vorstellung einzubauen.

Wie auch bei der Formulierung Ihrer Ziele empfehlen wir Ihnen ein mutiges und aktives Auftreten: Formulieren Sie bescheiden, aber gehaltvoll, warum es sich fachlich lohnt, heute gerade Ihnen zuzuhören. Kurzum: stellen Sie Ihr Licht nicht unter den Scheffel, haben Sie an dieser Stelle ruhig den Mut zum berechtigten Eigenlob!

Inhalte und Ablauf der Präsentation

> **! Leitgedanke:** Die Teilnehmer erhalten eine Struktur, in die sie die Inhalte der Präsentation einbinden können. Das erleichtert das Verständnis und das Behalten des Gehörten und Gesehenen.

Stellen Sie kurz den geplanten Ablauf vor. Thema und Ablauf sollten Sie auf jeden Fall visualisieren, am besten so, dass sie während der ganzen Veranstaltung einzusehen sind. Nehmen Sie dazu ein Flipchartblatt oder ein Plakat, das Sie an eine Wand hängen. Oder – wenn Sie PowerPoint benutzen – blenden Sie immer ein Agendachart ein, auf dem das folgende Thema farblich oder durch

Schriftgröße hervorgehoben ist. Sollten Sie zu Beginn Ihrer Präsentation eine Unterlage, ein Handout ausgeben, stehen Thema und Ablauf auf der ersten Seite.

Die neue Werbekampagne – Start in den Erfolg!

Agenda

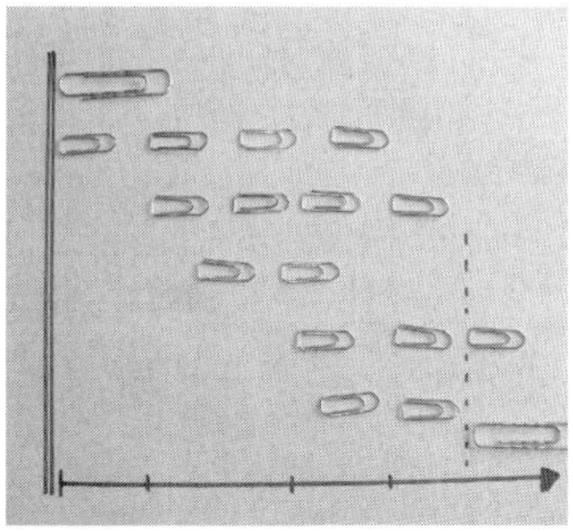

⇨ **Unser Produkt „XX" im Markt**

⇨ **Was leistet die Konkurrenz?**

⇨ **Wo wollen wir mit „XXplus" hin? Die Marktstrategie**

⇨ **Anspruch und Kernbotschaften unserer Kampagne**

⇨ **Wichtige Bausteine und Ablauf der Kampagne**

⇨ **Der Implementierungsprozess in unser Unternehmen**

⇨ **Unterstützung durch Sie: die Arbeitsgruppe „Werbekampagne"**

⇨ **Fragen/Diskussion: Ihre Anregungen**

www.praesentieren.biz

Geben Sie dabei auch die zeitliche Dauer der Veranstaltung und eventuelle Pausen bekannt. Weisen Sie auf die Möglichkeit hin, während oder im Anschluss an Ihre Präsentation Fragen zu stellen und zu diskutieren. Hier liegen unterschiedliche Erfahrungen vor: So wünschen sich einige Präsentierende die Fragen erst nach Beendigung ihrer aktiven Redephase. Dann fühlen sie sich nicht abgelenkt oder gestört und können konzentriert alle Fragen beantworten. Andere sehen das anders: »Mein Problem sind nicht die kritischen Fragen des Publikums, mein Problem beginnt, wenn keine Fragen gestellt werden! Dann weiß ich gar nicht, wo die Zuhörer stehen, was sie über meine Argumente oder vermittelten Informationen denken. Daher habe ich nichts gegen Fragen auch während meiner Präsentation. Im Gegenteil!« So weit die Meinung eines erfahrenen Verkäufers. Prüfen Sie für sich, wann Sie in Ihrer Präsentation Fragen beantworten und Inhalte diskutieren, und schlagen Sie dies dem Publikum vor.

»Ein kleines Problemchen habe ich noch mit dem ersten Punkt: Soll ich wirklich den Präsentationsablauf auf Flipchart malen und an die Wand hängen? Ist das nicht furchtbar altmodisch in Zeiten von Laptop und Beamer?«

»Uns ist der dahinterliegende Gedanke wichtig: Der Ablauf Ihrer Präsentation sollte für alle Zuhörerinnen und Zuhörer immer gegenwärtig sein. Das erleichtert die Orientierung und das Verständnis der Zusammenhänge ungemein. Wie Sie das machen, entscheiden wiederum Sie. Statt eines kleinen Handouts können Sie, wie bereits erwähnt, auch in einer PowerPoint-Präsentation immer wieder die Agenda aufrufen und den aktuellen Punkt farbig hervorheben. Es gibt auch Layouts, da wird die Agenda auf jedem Chart vollständig abgebildet, beispielsweise am linken Rand des Charts. Der Punkt, über den aktuell gesprochen wird, ist dann hervorgehoben. Auch das hilft bei der Orientierung, kostet jedoch viel Platz auf dem Chart, der dann für Inhalte nicht mehr zur Verfügung steht. Und was das von vielen geschmähte Flipchartblatt angeht, mittlerweile gibt es in vielen Firmen Drucker, die in der Lage sind, eine DIN-A0-Seite (ca. 84×119 cm) mit der Agenda zu drucken. Nicht um besonders tolle Technik geht es uns, sondern um die Funktion im Rahmen des gesamten Präsentationsgeschehens. Und da kann die moderne Technik Ihre Kreativität ungemein unterstützen.«

Umfassend, umsichtig und umwerfend argumentieren – der Hauptteil

Im Hauptteil leisten Sie den größten Teil Ihrer Informations- und Überzeugungsarbeit. Dafür sollten Sie etwa 75 Prozent der für die Präsentation zur Verfügung stehenden Zeit veranschlagen.

Die zentralen Fragen lauten jetzt: »Wie bauen Sie Ihren Hauptteil auf, in welche Reihenfolge bringen Sie die Informationen, wie sollten die Argumente bei einer Überzeugungspräsentation aufeinander abfolgen, wie sieht Ihre Argumentationskette aus?« Die Antwort? Es gibt auf dem Markt ungefähr doppelt so viele Vorschläge für Argumentationsketten, wie es Rhetorikbücher gibt (pro Buch ungefähr zwei). Und mit allen können Sie arbeiten. Wir möchten Ihnen in diesem Buch einige grundlegende Gedanken für Ihre Praxis anbieten und dann beispielhaft verschiedene Argumentationsketten vorstellen, die Sie später nutzen können.

Wovon hängt die Gliederung Ihrer Argumente ab? Natürlich von dem, was Sie mit Ihren Inhalten beim Publikum erreichen wollen, und von den ganz besonderen Menschen, die Sie erreichen wollen. Hinzu kommt noch das Umfeld, in dem Ihre Präsentation stattfindet. Im Mittelpunkt steht die Frage: »Wie gestalte ich meine Inhalte so, dass mir die Anwesenden aufmerksam zuhören, dass sie meine Argumente verstehen und den von mir gemachten Vorschlägen möglichst zustimmen?« Beim Aufbau der Argumente geht es also erst in zweiter Linie um Sachlogik, also eine Gliederung, die sich aus dem Gegenstand heraus anbietet, sondern immer zuerst um psycho- oder »zuhörerlogische« Gründe. Der häufig zu hörende Hinweis »Der Aufbau der Rede ergibt sich aus der dem Gegenstand innewohnenden Struktur« mag für eine Vorlesung in einem Universitätshörsaal gelten, niemals jedoch für eine Präsentation. Hier könnte als Leitmotiv für den Argumentationsaufbau gelten: »Ich baue meine Argumentation so auf, dass ich unsere Abteilungsleiterinnen und Abteilungsleiter für die neue Kampagne gewinne und sie anschließend alle unbedingt in der Arbeitsgruppe für die Umsetzung mitarbeiten wollen!«

Die Gliederung der Argumentationskette hängt also ab vom Ziel der Präsentation, den Menschen, die Sie erreichen wollen, sowie vom Hintergrund, vor dem die Präsentation stattfindet. Das bedeutet beispielsweise: Findet die

Präsentation in einer unaufgeregten Stimmung statt, in der Sie die Abteilungsleiter über die Kampagne informieren, damit diese die Auswirkungen auf die eigene Arbeit einplanen können, die im optimalen Fall nur marginal sind, also keinen Widerstand hervorrufen, werden Sie die Vorstellung der Kampagne anders gestalten als in einer Verkaufssituation, in der Sie beispielsweise Ihre Kampagnenkonzeption einer Gruppe von Entscheidern verkaufen müssen, wissend, dass die Anwesenden einen präsentierenden Mitbewerber bevorzugen. In beiden Fällen lautet die Frage: »Wie erreiche ich die Menschen?«, in beiden Fällen werden Sie anders vorgehen.

Wir möchten Ihnen für Ihre Praxis einige Beispiele für die Gestaltung von Argumentationsketten vorstellen, die Sie in unterschiedlichen Situationen nutzen können.

> **Situation 1:** Sie wollen in erster Linie, dass Ihre Zuhörer komplexe Inhalte verstehen und damit arbeiten können.

Wichtige Grundsätze für das Vermitteln von Informationen lauten:

Weniger ist mehr. Nehmen Sie maximal sieben Gliederungspunkte für den Hauptteil. Sieben Gliederungspunkte bilden eine Struktur, die man sich noch merken kann. Damit wird das Publikum auch nicht überfordert.

Vom Bekannten zum Unbekannten. Dieses Prinzip ermöglicht ein »Ankoppeln« neuer Informationen und erleichtert damit das Behalten. In unseren Beispielen könnten Sie erst einmal die wichtigsten, schon bekannten Inhalte der Kampagne ansprechen und darauf aufbauend die Neuheiten erklären. In der Visualisierung nutzen Sie Farben, Blau für das Alte, Rot für das Neue.

Darstellung in zeitlogischer Abfolge. In unserem Beispiel könnte die zeitlogische Reihenfolge so aussehen:

1. Vorgeschichte der ersten Werbekampagne.
2. Kurze Beschreibung der ersten Werbekampagne.
3. Veränderte Rahmenbedingungen.
4. Welche Punkte der ersten Kampagne wurden überarbeitet?
5. Gesamtübersicht über die vorliegende überarbeitete Fassung.

Vom Einfachen zum Schwierigen. Aus dem Schulunterricht bekannt. Schritt für Schritt nähert man sich den komplizierten und schwierigen Themen. Wichtig ist dabei ein Tempo, das es allen erlaubt, bis zum Ende der Ausführungen mitzukommen.

Vom Überblick in die Details. »Man sieht den Wald vor lauter Bäumen nicht!« Also schaut man sich am besten erst einmal den ganzen Wald, die gesamte Werbekampagne im Überblick an, bevor man zu den Einzelheiten kommt.

Von den Punkten mit hoher Praxisrelevanz zu denen mit weniger Praxisrelevanz. Je relevanter eine Aussage für die eigene Praxis des Zuhörers ist, desto aufmerksamer wird das Publikum zuhören. Der Beginn einer Präsentation mit praxisfernen Inhalten würde eher zur Unaufmerksamkeit einladen. Ist das Publikum jedoch erst einmal aufmerksam bei der Sache, wird es auch bereit sein, abstrakteren und praxisferneren Ausführungen zuzuhören.

Von den noch akzeptierbaren Punkten zu den Punkten, die das Publikum eher ablehnt. Es ist wie bei der Praxisnähe. Eine Präsentation, die mit Aspekten des Themas beginnt, die vom Publikum eher abgelehnt werden, wird es schwer haben, die Zuhörer für alle Inhalte aufzuschließen. Dann lieber mit »leicht Verdaulichem« beginnen, ein positives Klima schaffen und später mit überzeugenden Argumenten Themen ansprechen, die die Anwesenden »etwas schlucken lassen«.

Situation 2: Sie wollen, dass Ihre Zuhörer einen komplexen Inhalt nach kurzer systematischer Darstellung verstehen und in der Grundstruktur wiedergeben können.

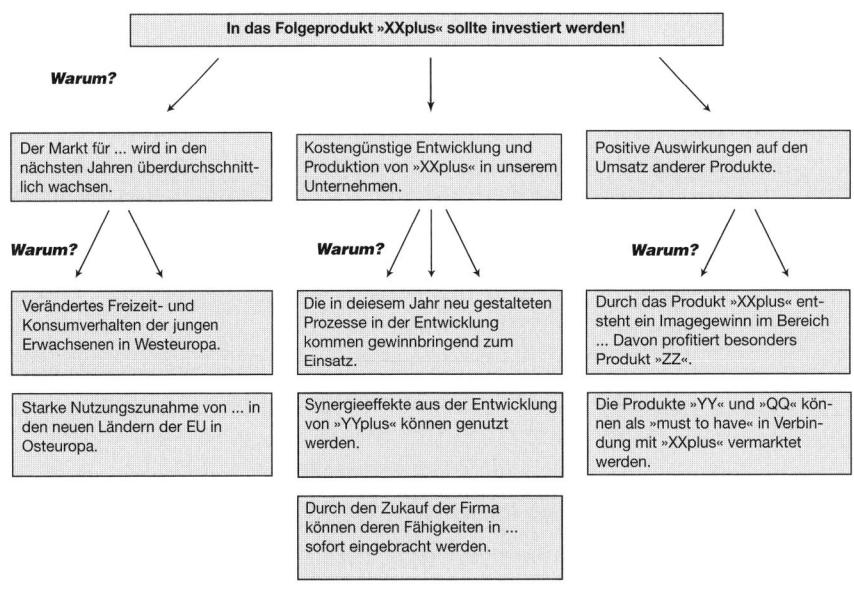

Die Beraterin Barbara Minto (2005) hat ein ganzes Buch nur für ein einziges Strukturierungsprinzip geschrieben: das Pyramidenprinzip. Danach wird jede Argumentationskette wie eine Pyramide aufgebaut. An der Spitze und damit am Beginn der Argumentation steht der übergeordnete Gedanke, dem – auf der nächsttieferen Ebene – untergeordnete, zuarbeitende Gedanken folgen. Dabei ist es wichtig, dass die Beziehung zwischen den untergeordneten Argumenten zur Spitze jeweils immer nur einer Frage gehorcht und die Beziehungen der untergeordneten Argumente zueinander von immer gleicher logischer Qualität sind. Ein Beispiel für eine solche Pyramide sehen Sie links unten.

So einfach das Prinzip auf den ersten Blick wirken mag, so vielfältig einsetzbar und ausbaubar ist es. So kann eine umfangreiche Präsentation aus mehreren kleineren Pyramiden bestehen, die sich zu einer großen ergänzen.

Situation 3: Kurz und knapp argumentieren mit dem »Fünfsatz«

Der Fünfsatz bietet sich vor allem für das sichere Antworten auf kritische Fragen an (s. S. 165). Die Struktur kann aber auch in kurzen Präsentationen genutzt werden, wenn es um die knappe Darstellung von Thesen und Meinungen geht. Seine Struktur:

Der Einstieg (Satz 1): Problemschilderung, These, Fragestellung, Behauptung. »Die neue Kampagne wird in den nächsten Wochen massive Auswirkungen auf die Arbeit der einzelnen Abteilungen haben.«

Der Argumentationsteil (Satz 2, 3, 4): Thesen, Beispiele, Ideen, etc. »Zum einen müssen sämtliche Abteilungen in der nächsten Woche … Zum Zweiten werden Sie als Leitungsteam aufgefordert, regelmäßig … Hinzu kommt dann noch der Wunsch der Geschäftsleitung an Sie persönlich, bis zum 1. Juli …«

Der Schlussteil (Satz 5): Folgerung, Appell, »den Sack zumachen«, »Und deshalb bin ich der Meinung, dass …!«
Auch ein kurzer Diskussionsbeitrag kontroverser Standpunkte lässt sich in fünf Schritten übersichtlich strukturieren:

- Die Vorschläge für das Design der Plakate werden noch sehr kontrovers diskutiert. (Satz 1)
- Die einen meinen … (Satz 2)
- Dagegen sind die anderen der Ansicht … (Satz 3)
- Der Hauptunterschied zwischen den beiden Ansichten besteht darin, dass …. Beiden ist jedoch gemeinsam, dass … (Satz 4)

● Vor diesem Hintergrund sind wir der Meinung, dass wir als nächsten Schritt … (Satz 5)

Situation 4: Sie wollen Ihr Publikum von etwas überzeugen, Sie wollen eine Idee, einen Vorschlag, ein Produkt »verkaufen«.

Sie beginnen im Hauptteil mit einer mehr oder weniger drastischen Schilderung der aktuellen Problemlage, der Schwierigkeiten, vor denen Ihr Publikum, die Firma oder die Organisation steht. Sie schildern die schlechte Lage mit einfachen, vorsichtigen, aber klaren Worten. Sie können an dieser Stelle auch einbauen, wie sich die Lage weiter verschlechtern wird, falls nichts unternommen wird. Die Stimmung sollten Sie so gestalten, dass Sie authentisch bleiben, gleichzeitig aber auch Ihr Publikum bewegen.

Im zweiten Schritt stellen Sie die Lösungsschritte vor, die Sie gefunden haben (bei einer in der Vergangenheit angesiedelten Erfolgsgeschichte) oder die Sie vorschlagen, um das Problem in den Griff zu bekommen. Sie begründen dabei, wie Sie vorgehen werden und warum dieses Vorgehen Erfolg versprechend ist. Auch hier entscheidet die Wahl Ihrer Worte über das angemessene Maß an Seriosität und Glaubwürdigkeit.

Im dritten Schritt beschreiben Sie fachkundig und verlockend die Situation nach erfolgter Umsetzung Ihrer Gedanken, Ihrer Ideen oder der Nutzung Ihres Produktes.

Situation 5: Sie wollen Ihrem Publikum etwas verkaufen. Sie wissen vor Beginn der Präsentation zudem, dass Ihre Chancen nicht schlecht stehen.

Das konkrete Ziel Ihrer Präsentation ist es, dass sich das Publikum für Ihr Produkt, Ihre Dienstleitung oder Ihren Handlungsvorschlag entscheidet. Nach einer sorgfältigen Publikumsanalyse wissen Sie, dass die Entscheidung für Sie so gut wie gefallen ist.

In dieser Situation empfiehlt es sich, im Hauptteil Ihrer Präsentation durch eine Folge von Argumenten darzustellen, warum eine Entscheidung für Ihr Angebot oder Ihre Ideen vernünftig ist und welche Vorteile sich aus dieser Entscheidung ergeben. Beschränken Sie sich jedoch auf maximal fünf bis sieben Argumente. Bei zu vielen Vorteilen für Ihre Sache laufen Sie Gefahr, unglaubwürdig zu wirken. Beginnen Sie die Kette von Vorteilsargumenten mit dem zweitwichtigsten, um zum Schluss – quasi als Höhepunkt – Ihr schlagendstes, überzeugendstes Argument ins Feld zu führen.

Zielsatz	» ... möchte erreichen, dass Sie sich für ... entscheiden«, oder: »dass Sie sich auf folgendes Vorgehen einlassen«
Vorteilsargument 1	zweitwichtigstes Argument
Vorteilsargument 2	
Vorteilsargument 3	
Vorteilsargument 4	
Vorteilsargument 5	Ihr wichtigstes Argument
Schlussappell	»Entscheiden Sie sich deshalb für ...«

Situation 6: Sie wollen Ihrem Publikum etwas verkaufen. Sie wissen vor Beginn der Präsentation, dass Ihr Angebot nicht alleine steht.

Schwieriger wird es für Sie, wenn sich das Publikum neben Ihrem Angebot auch noch für andere Alternativen oder Vorgehensweisen entscheiden könnte.

Dann bietet sich eine Strategie an, die gezielt einen positiven Entscheidungsprozess beim Publikum anregt und fördert. Wichtig ist dabei, dass Sie schon sehr früh Ihren Vorschlag, Ihre Lösung konkret benennen, damit das Publikum jede weitere Alternative nur noch mit der Ihrigen vergleicht. Runden Sie den Hauptteil Ihrer Präsentation zum Schluss mit ein bis zwei Vorteilsargumenten ab, die in besonderer Weise für Ihren Vorschlag oder Ihre Lösung sprechen.

- Istsituation.
- Was soll erreicht werden?
- Ihr Vorschlag, um den Sollzustand zu erreichen.
- Alternativen.
- Auswahl- und Bewertungskriterien, an denen sich Ihre Lösung und die Alternativen messen lassen müssen.
- Darstellung, warum Ihre Lösung das Optimum im Vergleich zu den Alternativen darstellt.
- Zwei bis drei Nutzenargumente, die besonders für Ihre Lösung sprechen.

Situation 7: Sie wollen Ihrem Publikum ein Produkt verkaufen oder es von einem Leistungsangebot überzeugen. Sie wissen bereits vor Beginn der Präsentation, dass ein konkurrierender Mitwettbewerber ein gleiches/ähnliches Produkt oder Leistungsangebot der gleichen Zielgruppe vor oder nach Ihnen präsentieren wird.

Die besondere Herausforderung bei dieser Situation liegt darin, dass es Ihnen gelingt, beim Publikum mehr Vertrauen in Ihre Person und in Ihr Produkt/Leistungsangebot aufzubauen als Ihr Mitbewerber, der natürlich genau wie Sie die Vorteile und Vorzüge seines Produktes in den Vordergrund stellen wird. Machen Sie das Gleiche, unterscheiden Sie sich aber von Ihrem Konkurrenten dadurch, dass Sie in der Präsentation auch ein bis zwei Einschränkungen, Risiken oder Problembereiche zu Ihrem Produkt offen ansprechen – und diese überzeugend entkräften. Sie werden dadurch gerade von Entscheidern als ehrlicher, transparenter und vertrauenswürdiger erlebt! Sie kennen ja das Sprichwort: »Wo eine Sonnenseite ist, da ist auch eine Schattenseite!« Wer also nur »Sonnenseiten« seines Produktes anspricht, braucht sich nicht zu wundern, wenn Entscheider besonders misstrauisch alles hinterfragen. Reagieren Sie also proaktiv, und sprechen Sie selbst offenkundige oder zugebbare Einschränkungen und Risiken an! Die Struktur Ihrer Präsentation könnte dann so aussehen:

- Knapper Informationsteil zu Ihrem Produkt oder Leistungsangebot; Hauptmerkmale, Funktionsweise und Ähnliches.
- Überzeugungsteil: vier bis fünf Nutzen- oder Vorteilsargumente, die für Ihr Produkt oder Ihre Leistung sprechen.
- Nennung von zwei bis drei Einschränkungen, Risiken oder Problembereichen, die (offenkundig/zugebbar) zu Ihrem Produkt bestehen.
- Entkräftung, Beherrschbarkeit oder Kompensation dieser Risiken, Problembereiche darstellen.
- Positives Gesamtfazit zum Produkt, Leistungsangebot ziehen, eventuell Hauptnutzen wiederholen.
- Appell an die Entscheider formulieren, sich für Sie, Ihr Produkt oder Ihre Leistung zu entscheiden.

Situation 8: Sie wollen Ihrem Publikum etwas verkaufen. Sie wissen vor Beginn der Präsentation aber, dass das Publikum eine andere Alternative bevorzugt.

In der Praxis treffen Sie oftmals auf ein Publikum, von dem Sie sicher wissen, dass es sich schon für eine bestimmte Lösung entschieden hat oder ein bestimmtes Produkt favorisiert.

Hier wäre es mehr als ungeschickt, wenn Sie im Hauptteil Ihrer Präsentation durch ein Bombardement mit Vorteilsargumenten Ihre Lösung, Ihr Produkt zum Sieg pushen oder gar durch das demonstrative Aufzeigen von Defiziten den möglichen Publikumsfavoriten herabwürdigen wollten!

Sie werden mehr Erfolg haben, wenn Sie im Hauptteil Ihrer Präsentation auch auf die Gemeinsamkeiten der verschiedenen Alternativen eingehen. Sie vermeiden die bloße Konfrontation, stellen andererseits aber auch Ihr Produkt, Ihre Lösung mit allen wichtigen Vorteilen für das Publikum dar. Richten Sie sich bei einem solchen Vorgehen darauf ein, dass Sie nach Beendigung Ihrer Präsentation im Frage- und Diskussionsteil Rede und Antwort stehen müssen. Wie schon für Situation 6 gilt auch hier der Grundsatz: Wer die Position des Publikums nur schlechtmacht oder abwertet, wird in der Regel nicht überzeugen können.

- Die A-Position vertritt folgende Auffassung ...
- Die B-Position (Ihre Position) sagt hingegen ...
- Beiden Auffassungen ist gemeinsam ...
- Die Besonderheiten und die Vorteile Ihrer Position (B-Position) liegen darin ...
- Daraus ergibt sich ...
- Sie schlagen daher vor, Folgendes zu tun ...

Situation 9: Sie wollen Ihrem Publikum etwas verkaufen. Sie wissen nach Ihrer Publikumsanalyse, dass der Wissens- und Kenntnisstand bei den Anwesenden noch sehr gering ist.

Erkennen Sie in der Vorbereitung der Präsentation, dass der Wissens- und Kenntnisstand des Publikums gering ist, dann vermeiden Sie folgenden Fehler, der vielfach begangen wird: Der Präsentierende informiert zunächst über ein bestimmtes Produktmerkmal, um daran sogleich ein Vorteils- oder Nutzenargument anzuschließen. Dem folgt dann die nächste Produktmerkmalsinformation, gefolgt vom nächsten Nutzenargument, und so weiter, immer hin und her. Der ganze Hauptteil besteht aus einer Mischung von Einzelinformationen und dazugehörigen Vorteilsaspekten. Viele Publikumsgruppen werden hierdurch überfordert, der erreichte Überzeugungswert ist eher gering!

Besser ist eine klare Zweiteilung des Hauptteils. Im ersten Teil halten Sie den Informationsteil so knapp wie möglich. Überfrachten Sie diesen Teil nicht mit verwirrenden Details, sondern wenden Sie mehr Zeit dem zweiten Teil zu, der Argumentation zugunsten des Nutzens Ihres Produkts oder der Vorteile des von Ihnen präferierten Vorgehens.

- Zielsatz: »... möchte ich erreichen, dass Sie sich für ... entscheiden!«
- Informationen zum Produkt, beispielsweise sein Aufbau oder seine Funktionsweise.
- Vorteils- und Nutzenargumentation.
- Schlussappell: »Entscheiden Sie sich deshalb für ...!«

Aktiv abschließen – der Schlussteil

Schaut man sich einmal in der (beruflichen) Praxis kommunikative Situationen an, beispielsweise Präsentationen, moderierte Sitzungen, Meetings oder auch Mitarbeitergespräche, dann hat man gelegentlich den Eindruck, dass nicht der Leitende die jeweilige Situation souverän abschließt, sondern umgekehrt der Abschluss den Leitenden erschlägt, zumindest aber überrennt. So werden viele Präsentationen eher hilflos abgebrochen – »Das war dann meine Präsentation zu dem Thema … Danke!« oder »Das war's!« – als zielgerichtet und publikumsorientiert zu Ende geführt. Viele Redner verschenken also die Chance, gerade auf der »Zielgeraden« noch einmal zu punkten. Daher unser Appell: Gestalten Sie Ihren Schluss sorgfältig und einfühlsam, wie Sie dies auch mit der Einleitung gemacht haben.

Im Schlussteil Ihrer Präsentation geben Sie eine knappe inhaltliche Zusammenfassung, fordern die Anwesenden zum Handeln auf und leiten über zu Fragen und Diskussion. Dafür stehen Ihnen ungefähr zehn Prozent der Präsentationszeit zur Verfügung.

Wie auch bei der Einleitung empfehlen wir, dass Sie die Zusammenfassung und Ihren Schlussappell wörtlich ausformulieren – im Manuskript oder auf einem Chart – und im Falle hoher Anspannung auch vorlesen. Damit stellen Sie sicher,

- dass Sie im Zeitrahmen bleiben,
- dass Sie keine neuen Inhalte mehr ansprechen,
- dass Ihnen keine der wichtigen Aussagen oder Argumente am Ende einer anstrengenden Präsentation verloren gehen.

Zusammenfassung

! Leitgedanke: Die Zusammenfassung soll erreichen, dass die Teilnehmer die wichtigsten Aussagen und Argumente auch nach der Präsentation im Gedächtnis behalten.

Für Ihre Zusammenfassung gelten drei Grundsätze:

- Kündigen Sie die Zusammenfassung kurz an. Damit ist allen klar, dass jetzt keine neuen Fakten mehr kommen. »Zusammenfassend nochmals das, was besonders für unsere neue Kampagne spricht. An erster Stelle steht …«
- Eine Zusammenfassung ist keine einfach nur verkürzte Wiederholung der Präsentation, sondern eine gezielte Zuspitzung auf einzelne, für die Zielerreichung zentrale Inhalte. Das macht die Formulierung einer guten Zusammenfassung manchmal recht schwierig. Es geht gerade nicht darum, zwei oder drei Argumente einfach nur zu wiederholen, sondern die gesamten Inhalte in drei bis fünf Kerngedanken zusammenfassend auszuformulieren. Die Ausnahme bilden natürlich Einzelargumente der Präsentation, die auch alleine überaus gewichtig sind, beispielsweise: »Die Kosten für die Einführung dieser Kampagne liegen rund 30 Prozent unter dem kalkulierten Budget.«
- In die Zusammenfassung gehören keine neuen, bisher nicht genannten Gedanken.

Schlussappell

! Leitgedanke: Die Teilnehmer sollen zum Handeln entsprechend Ihres eingangs genannten Zielsatzes beziehungsweise zum Stellen vom Fragen aufgefordert werden.

Mit Ihrer Präsentation wollen Sie etwas bei den Teilnehmern erreichen. Dafür dienen unter anderem Ihre Überlegungen bei der zielorientierten Auswahl der Inhalte in der Phase der Vorbereitung, die Zielformulierung und der konkrete Zielsatz in der Einleitung. Dafür dienen natürlich auch die Argumente oder Informationen im Hauptteil. Jetzt kann die Präsentation unmöglich mit einem bloßen »Danke, dass Sie so schön zugehört haben« enden. Wenn Sie ein konkretes Ziel für diese Präsentation hatten, dann muss am Schluss der Veranstaltung mit einem Appell darauf zurückgekommen werden. Mit dem Schlussappell gehen Sie pointiert noch einmal auf die Ziele (den Zielsatz) der Präsentation ein und fordern Ihre Teilnehmer zu einem bestimmten Handeln oder Denken auf.

Zur Verdeutlichung wieder unsere Beispiele:

Ausgehend vom Zielsatz

»Meine Damen und Herren. Ich möchte Sie heute vom Nutzen, den die neue Kampagne für das gesamte Unternehmen und gleichzeitig für Ihre Abteilungen hat, überzeugen. Gleichzeitig möchte ich Sie für die aktive Mitarbeit an der Arbeitsgruppe, die die Umsetzung dieses Entwurfs betreut, gewinnen.«

bietet sich als Schlussappell an:

»Nachdem ich Ihnen die Bedeutung und Chancen der überarbeiteten Kampagne vorgestellt habe, bitte ich Sie nun, diesen Entwurf mit Überzeugung im Unternehmen und in Ihren Abteilungen zu vertreten. Ich hoffe zudem, dass sich möglichst viele von Ihnen zu einer Mitarbeit in der Arbeitsgruppe entschließen werden. Ich bitte Sie deshalb, am Ende der anschließenden Fragerunde und Diskussion in einem ersten Stimmungsbild mitzuteilen, wer von Ihnen in der angesprochenen Arbeitsgruppe mitarbeiten will. Noch offene Fragen in Sachen Arbeitsgruppe werde ich nach der heutigen Veranstaltung klären. Nun zu Ihren Fragen. Welche Aspekte sind offengeblieben, wozu kann ich Ihnen noch mehr sagen?«

Mit dem Schlussappell beenden Sie den darstellenden Teil der Präsentationsveranstaltung. Mit der anschließenden Bitte um Fragen und Diskussionsbeiträge eröffnen Sie dann die Austauschphase, in der Ihr Publikum aktiv werden

kann. Auch hierfür eine kleine Anregung: Mit welcher der beiden Formulierungen wollen Sie die Fragerunde eröffnen: »Gibt es noch Fragen?« oder »Welche Fragen darf ich Ihnen jetzt beantworten?«. Für den Fall, dass Sie am Ende einer vielleicht etwas unangenehmen Präsentation wirklich keine Fragen mehr hören wollen, sollten Sie die erste Formulierung wählen.

Gelegentlich kommen auf diese geschlossene Frage von Ihnen auch wirklich keine Fragen mehr aus dem Publikum! Wir empfehlen Ihnen jedoch die zweite Variante, die Aufforderung in offener Frageform. Diese Frageform ist einladender, wertschätzender und lässt Sie souveräner erscheinen als ein vielleicht verstecktes »Muss ich jetzt wirklich noch eure lästigen Fragen beantworten?« bei der geschlossenen Frageform. Weitere Varianten einer offenen Frageform: »Was möchten Sie jetzt noch ergänzend wissen?«, »Welche Aspekte des Themas möchten Sie nun hinterfragen?«, »Zu welchen Themenbereiche darf ich Ihnen noch mehr sagen?«.

Bei der Planung der gesamten Veranstaltung sollten Sie überlegen, ob zwischen Präsentation und Frage- bzw. Diskussionsrunde eine kleine (Kaffee-, Tee-, Wasser-)Pause möglich oder zweckmäßig ist. Außer dass Sie sich selbst frisch machen und einen Kaffee trinken können, bekommen Sie vielleicht in den kurzen Pausengesprächen erste Hinweise darauf, in welche Richtung die anschließende Frage- und Diskussionsrunde gehen wird, oder Sie können durch einfaches Zuhören ein erstes Stimmungsbild einsammeln, wie die Präsentation vom Publikum erlebt wurde. Beides hilft Ihnen, in der Phase Fragen/Diskussion gelassener und selbstsicher aufzutreten.

Wie lange darf es denn dauern?
Die liebe Zeit

? Leitfrage: Wie halten Sie es mit der Zeit, wie sieht Ihr Zeitmanagement für die Präsentation aus?

Jede Präsentation hat eine Zeitvorgabe. Diese wird Ihnen von außen gesetzt, oder Sie setzen sie sich selbst. Im letzteren Fall sollten Sie sich an der Belastbarkeit Ihrer Zuhörer orientieren – und die liegt bei etwa 60 Minuten. Erfahrungen zeigen: Länger kann kaum jemand konzentriert und aufmerksam zuhören, mitdenken und zusehen. Dann ist eine Pause notwendig, oder Sie gehen das Risiko ein, dass Ihre Inhalte nicht mehr ganz aufgenommen werden oder sich bei einem eher ablehnenden Publikum der Widerstand zusätzlich erhöht. Gehen Sie daher auf keinen Fall von Ihren Inhalten aus – nach dem Motto »Für die und die Inhalte brauche ich …«. Auch Ihr Ziel legitimiert keine Überlängen, denn dieses Ziel können Sie auch mit einer kurzen Präsentation erreichen.

Wird Ihnen die Zeit vorgegeben, dann sollten Sie diese möglichst auf die Minute einhalten. Praxiserfahrungen bestätigen, dass Sie maximal 5–10 Prozent »zeitlichen Überziehungskredit« in Anspruch nehmen sollten! Es wird kaum jemand der Anwesenden etwas dagegen haben, wenn Sie etwas weniger Zeit benötigen als angekündigt. Auch hier gelten 5–10 Prozent »Verkürzungszeit«, ohne dass Ihr Publikum die Einschätzung gewinnt, lediglich »abgespeist« worden zu sein oder Wichtiges zu kurz präsentiert bekommen zu haben. Aber es ist ausgesprochen unhöflich Ihrem Publikum gegenüber, wenn Sie Ihre Zeit ungebührlich überziehen. Sie verfügen dabei über die Zeit der anderen, ohne dies vorher abgesprochen zu haben. Aber: Sie brauchen Ihre Zeit nicht zu überziehen. Durch Ihre Vorbereitung haben Sie ausreichend Gelegenheit, die Präsentation auch zeitlich maßzuschneidern.

Die effektivste Methode, Ihre Ausführungen auf das geforderte Zeitmaß zu bringen, besteht darin, die Präsentation mit Einsatz der Medien vorab als Generalprobe zu halten und dabei die Zeit zu nehmen. Danach können Sie kürzen. Für den weniger erfahrenen Präsentator gilt nach unserer Erfahrung die Faustregel: »Gedachte Präsentationszeit mal zwei = real benötigte Zeit!«

Vorbereitung III:
Mit oder ohne PowerPoint –
Präsentieren
heißt visualisieren!

- Präsentieren heißt visualisieren! Warum eigentlich?
- Empfehlungen für die Erstellung von Visualisierungen
- Bei der Erstellung von Texten, Tabellen, Schaubildern und Bildern zu beachten
- Präsentieren mit Laptop, Beamer & Co. – der professionelle Umgang mit den Medien
- Exkurs: Anmerkungen zur kontroversen Diskussion über PowerPoint

Präsentieren heißt visualisieren!
Warum eigentlich?

Visualisierungen sind Inhalte, in Bilder umgesetzt – gelegentlich in Verbindung mit Tonmedien – zur Unterstützung des gesprochenen Wortes. Visualisierungen können als PowerPoint-Chart vom Laptop generiert und von einem Beamer auf eine Wandfläche projiziert werden oder auf einer Transparentfolie abgebildet sein, die über Overheadprojektor (OHP) auf eine Leinwand projiziert wird. Visualisierungen kann der Präsentierende aber auch auf dem Flipchart erstellen oder als vorgefertigtes Plakat an einer Pinnwand befestigen. Aufwendigere Visualisierungen sind zum Beispiel Filme auf CD, DVD oder dem guten alten VHS-Video. Filme können aber ebenso direkt aus dem Internet auf der Festplatte oder irgendeinem anderen Medium gespeichert, dann bearbeitet und über den Beamer projiziert werden. Das Gleiche gilt auch für Fotos, die zudem noch mit der eigenen Digitalkamera selbst erstellt werden können.

Und sobald über den Einsatz von Visualisierungen mit dem Laptop gesprochen wird, geht es auch um PowerPoint, das bekannteste Präsentationsprogramm für Windows-PCs und Apple-Computer. PowerPoint bildet einen hochflexiblen »Rahmen«, mit dem Charts (oder Folien, wenn über den OHP projiziert wird) erstellt werden können. Auf diesen Charts/Folien kann der Benutzer Texte platzieren, Tabellen, Grafiken, Schaubilder, Bilder jeglicher Art, Filme und Filmausschnitte mit oder ohne Ton. Die Visualisierungen können in Farbe daherkommen oder in Schwarz-Weiß. Sie können sich bewegen oder einfach ruhig bleiben. Die PowerPoint-Charts werden über einen lichtstarken Projektor (Beamer) auf eine Wand projiziert.

Die Überlegungen, welche und wie viele Visualisierungen Sie in Ihrer Präsentation verwenden, sind immer damit verbunden, welche Medien Sie einsetzen wollen, können oder gar müssen. Denn häufig hat die oder der Präsentierende keine Wahl: Die meisten Unternehmen im deutschsprachigen Raum verlangen Präsentationen mit Laptop und Beamer. Und da ist dann PowerPoint die erste Wahl. Wenn es um die Gestaltung der einzelnen Visualisierungen geht, bieten sich die folgenden Fragen an:

● Welches Ziel möchte ich mit den Kernaussagen meiner Präsentation erreichen, und wie können mich die Visualisierungen dabei unterstützen?

- Wie möchte ich die Zuschauer durch meine Präsentation bewegen, überzeugen, informieren, und wie können mich welche Visualisierungen dabei unterstützen?
- Welche Visualisierungen werden bei den besonderen Menschen in meiner Präsentation gut ankommen, überzeugend wirken und die Inhalte nachhaltig im Gedächtnis verankern?

Mit anderen Worten: Visualisierungen haben eine »dienende« Funktion. Sie sollen – und können dies auch, wenn sie gut gemacht sind – dabei helfen, das Präsentationsziel zu erreichen und den Auftritt des Redners wirkungsvoll zu unterstützen.

Warum sind Visualisierungen in einer Präsentation sinnvoll?

Sicher kennen Sie das Sprichwort: »Ein Bild sagt mehr als tausend Worte.« Dahinter verbirgt sich die Erkenntnis, dass Bilder, also auch Schaubilder, Grafiken, Symbole, Beispiele oder auch Geschichten, komplexe oder schwierige Informationen rasch, kompakt, eindeutiger und nachhaltiger vermitteln können als beispielsweise das nüchterne Aufzählen von Fakten und Daten.

So vermitteln Verkehrzeichen komplexe Regeln, Karikaturen können ganze Geschichten, Charaktere, Situationen und Zusammenhänge mit wenigen Strichen ausdrücken, wie die folgenden Abbildungen zeigen.

Hinzu kommt eine Besonderheit des menschlichen Lernens: Während abstrakte Worte überwiegend die linke Gehirnhälfte ansprechen und dort gelernt und auch behalten werden, findet die Verarbeitung von Bildern in der rechten Gehirnhälfte statt. Die Inhalte einer Präsentation, die sowohl die linke – mit den mündlichen Aus-

führungen – wie auch die rechte Gehirnhälfte – mit den dazu passenden Visualisierungen – aktivieren, bleiben eher im Gedächtnis haften als abstrakte Fakten und Zusammenhänge, die lediglich mündlich vorgetragen werden.

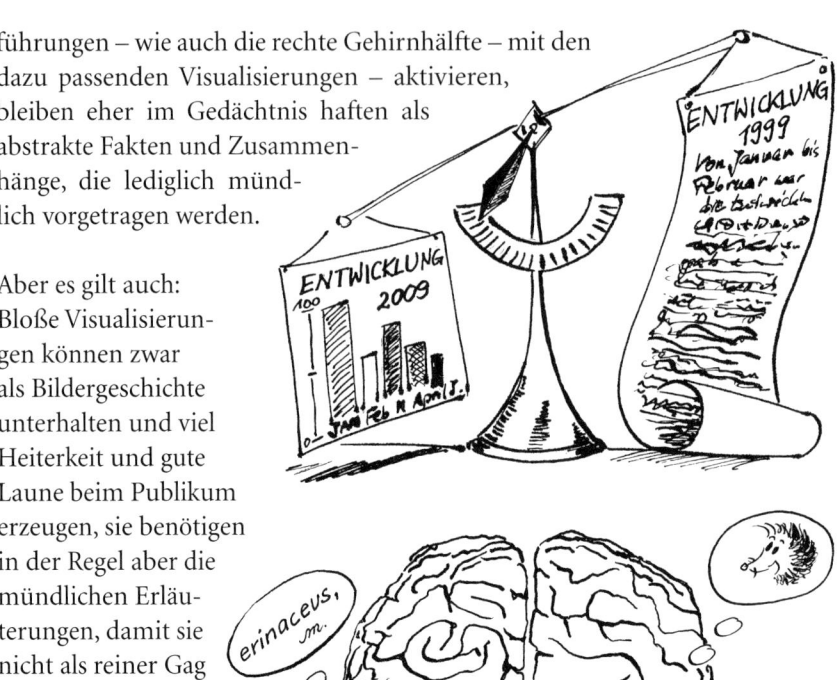

Aber es gilt auch: Bloße Visualisierungen können zwar als Bildergeschichte unterhalten und viel Heiterkeit und gute Laune beim Publikum erzeugen, sie benötigen in der Regel aber die mündlichen Erläuterungen, damit sie nicht als reiner Gag empfunden werden. Nur so entfalten sie in einer Präsentation ihre ganze Kraft.

Der Einsatz von Visualisierungen in Ihrer Präsentation hilft Ihnen,

- Ihre Argumente verständlicher zu machen,
- Zusammenhänge auf einen Blick erkennbar zu gestalten,
- Ihre wichtigen Kernaussagen besonders eindrucksvoll hervorzuheben und zu unterstreichen,
- die Überzeugungskraft Ihrer zentralen Aussagen zu steigern,
- Ihren Redeaufwand zu verkürzen,
- Ihr Publikum emotionell zu bewegen, beispielsweise zu erfreuen oder zu provozieren,
- Ihre wichtigen Aussagen beim Publikum lange im Gedächtnis zu verankern,
- Ihre gesamte Präsentation aufgelockerter zu gestalten.

Was macht Visualisierungen wirkungsvoll?

Was wir sehen, behalten wir häufig länger als das, was wir nur hören. Aber nicht alles, was wir sehen, bleibt auch für lange Zeit im Gedächtnis haften. Wahrscheinlich kennen Sie das: Fast alle sehr bunten Charts/Folien mit den umfangreichen Texten und den vielen Zahlen haben Sie als Zuhörer einer Präsentation schon kurze Zeit nach Verlassen des Raumes vergessen. Nicht jedes Bild erzielt also automatisch den erwarteten Erfolg, den wir Visualisierungen zugesprochen haben. Das liegt wiederum am menschlichen Gehirn: Um nicht in der ungeheuren Flut von täglich auf den Einzelnen einstürzenden Sinneswahrnehmungen zu ertrinken, hat es als Schutzmechanismus mehrere Wahrnehmungsfilter errichtet. Sie bewirken, dass sich letztlich nur ein Bruchteil der wahrgenommenen Informationen dauerhaft im Langzeitgedächtnis einnistet.

Es hat sich gezeigt, dass Visualisierungen diese Wahrnehmungsfilter des Gehirns leichter passieren und ihre Inhalte länger im Gedächtnis bleiben, wenn sie bestimmte Merkmale aufweisen. Sie sollten daher in Präsentationen

- Gefühle und Einstellungen beim Publikum ansprechen,
- sich deutlich von anderen Informationen abheben,
- möglichst mit wenigen Blicken zu erfassen und zu verstehen sein
- übersichtlich und interessant gestaltet sein,
- für alle im Publikum nicht allzu schwer verständlich sein.

Durch Visualisierungen – besonders durch Bilder – werden nicht nur das sachliche Verständnis, sondern auch die Gefühle der Adressaten angesprochen. Wie wirkungsvoll die gleichzeitige Aktivierung von »Herz und Verstand« ist, wird in der Werbung offensichtlich. Nutzen Sie dieses Zusammenwirken für die Gestaltung Ihrer Visualisierungen. Aber Vorsicht: Mit unpassenden Bildern können Sie auch negative Gefühle – beispielsweise Ärger oder Zweifel – erzeugen.

Empfehlungen für die Erstellung von Visualisierungen

Auch wenn das immer wieder verwendete Sprichwort vom Bild spricht, das mehr aussagt als tausend Worte, so bestehen Visualisierungen nicht nur aus Bildern. Auch der plakativ geschriebene Text kann gelegentlich als Visualisierung dienen, ebenso Tabellen, grafische Schaubilder, Zeichen und Symbole. Schließlich kann auch eine Kombination von mehreren dieser Visualisierungselemente eingesetzt werden.

Unabhängig davon, ob Sie Ihre Visualisierungen mit dem Stift zeichnen oder eine ausgefeilte Präsentationssoftware verwenden, für die Gestaltung von Visualisierungen möchten wir einige Empfehlungen an die Hand geben. Es handelt sich dabei um Gestaltungspunkte, die wir als Autoren aus unserer Präsentationserfahrung heraus für sinnvoll halten und die zudem von sehr vielen Unternehmen und Organisationen als Standard für gute Visualisierungen angesehen werden.

»Heißt das denn, dass ich mich Ihrer Meinung nach strikt an diese Empfehlungen halten sollte?«

»Also, wenn Sie sich an diese Punkte halten, liegen Sie im Trend dessen, was normalerweise von Unternehmenspräsentationen erwartet wird. Wenn Sie sich davon absetzen wollen, können Sie das natürlich tun. Sie sollten aber prüfen, ob Sie Ihre persönliche ›Note‹ überzeugend in Ihrem sozialen Umfeld vertreten können. So raten einige PowerPoint-Berater davon ab, auf dem Chart ein Firmenlogo zu verwenden, weil dieses vom Inhalt ablenken würde. Sicherlich ein nachdenkenswerter, jedoch weltfremder Rat. Die meisten Unternehmen schreiben nämlich verbindlich ein einheitliches Präsentationslayout vor, auf dem das Firmenlogo mehr oder weniger platzgreifend enthalten ist. Manche

Präsentationslayouts sehen zudem noch vor, neben dem eigenen Firmenlogo das des Kunden zu platzieren, dem beispielsweise eine Dienstleistung verkauft werden soll.«

»Sicherlich eine pfiffige Sache, weil der Kunde sich dann während der gesamten Präsentation über seinen Unternehmensauftritt freut.«

»Das ist häufig der Fall. Ob ein Firmenlogo wirklich vom Inhalt ablenkt, kann unterschiedlich bewertet werden. Wir sind da eher anderer Meinung. Aber noch etwas ist uns wichtig: Neben der Prüfung, ob Sie Ihre eigenen Visualisierungsvorstellungen gegen die Ihres Unternehmens durchsetzen können und wollen, gibt es Regeln, die verstehen sich von selbst. Beispielsweise der Gebrauch von Farben. Wenn Sie auf einem Chart oder einer Folie Rot zum Hervorheben wichtiger Aussagen verwenden, sollten Sie auf der nächsten Visualisierung dieselbe Farbe nicht als einfache Textfarbe verwenden. Klingt banal, wird aber immer wieder missachtet. Schauen wir uns die wenigen Regeln mal genauer an.«

Die äußere Form

Jede Visualisierung braucht einen Rahmen. Sie können die intensive Wahrnehmung von Einzelinformationen – beispielsweise Kurven oder Tabellen – fördern, indem Sie diese in einem geschlossenen Rahmen anbieten. Bei Visualisierungen auf einer Pinnwand und dem Flipchart wird dieser Rahmen durch die abgesetzte Metallumrandung bereits mitgeliefert. Bei PowerPoint-Charts oder Folien kann der Rahmen Teil eines einheitlichen Layouts sein, beispielsweise ein vollständiger Kasten oder nur zwei Striche, oben und unten, die das Inhaltsfeld begrenzen. Der Rahmen sollte auf jedem Chart gleich sein. In vielen Unternehmen ist er durch Regeln für Corporate-Design vorgegeben.

Die Überschrift

Jede Visualisierung braucht eine Überschrift. Diese gibt knapp und schlagwortartig den Sinnzusammenhang wieder, der durch die Visualisierung dargestellt werden soll. Eine Überschrift erleichtert das schnelle und präzise Auffassen der Inhalte. Durch Schriftgröße und Hervorhebung (fett oder farbig) muss sie sofort ins Auge springen. Für den Inhalt der Visualisierung ergibt sich daraus, dass tatsächlich nur der eine Sinnzusammenhang abgebildet wird, der durch die Überschrift angekündigt wird. Dabei kann die Überschrift eher nüchtern und beschreibend gehalten sein: »Entwicklung der Kundenstruktur 2000–2008«, oder aber auch etwas provozierend und wertend, die von Ihnen gewünschte zentrale Aussage der Visualisierung wiedergebend: »Immer weniger Kunden nutzen unsere Produkte …«

Überschrift bedeutet, dass sie den Lesegewohnheiten entsprechend links oder mittig oberhalb der Visualisierung platziert wird. Und auch für die Überschrift gilt: auf jedem Chart, auf jeder Folie die gleiche Form und Farbe. Und noch ein Tipp: Versuchen Sie, in jedem Fall einzeilige Überschriften zu formulieren, damit mit einem Blick die Kernbotschaft der Visualisierung erfasst werden kann.

Der Einsatz von Farben und Farbflächen

Mit Farben können Sie die inhaltlichen Aussagen der Visualisierung unterstützen und Wichtiges hervorheben. Für das Auge haben Farben starke Signal- und Gestaltungswirkung. Daher sollten sie gezielt und sparsam verwendet werden.

Zu viele Farben verwirren. Verwenden Sie pro Visualisierung nur die Farben, die inhaltlich notwendig sind, verzichten Sie auf Farborgien, die verwirren und ablenken. Bei Textfolien reichen zwei bis maximal drei Farben, bei Schaubildern können es schon einmal mehr sein. Beschränken Sie sich auf die vier Farben Rot, Grün, Blau, Schwarz. Vorsicht beim Einsatz von hellen Farben. Diese sind häufig auf weite Entfernungen nicht mehr erkennbar.

Gleiche Farben suggerieren gleichen Sinn, eine Erkenntnis aus der Wahrnehmungspsychologie. Wenn verschiedene Elemente oder Aussagen in einer Visualisierung in der gleichen Farbe abgebildet sind, fasst das Auge sie unbewusst zu einer Gruppe zusammen. Benutzen Sie also Ihre Farben unbedingt einheitlich.

In der Praxis hat sich dazu eine funktionale Farbverwendung in Visualisierungen bewährt:

	Schwarz	Rot	Grün	Blau	Dunkelgelb
Überschrift	x	x			
Hervorhebungen		x			
Text	x			x	
Bilder/Grafiken	x	x	x	x	x

Wenn Sie Ihre Visualisierungen mit dem PC und einem leistungsstarken Grafikprogramm erstellen, wissen Sie, dass diese Programme schier unendlich viele Möglichkeiten der Farbgestaltung von Folienhintergründen oder Seitenrändern ermöglichen. Daher noch einige weitere Empfehlungen:

- Wenn Sie Hintergrundfarben einsetzen, dann nur eine Farbe verwenden, aber diese dezent und kontrastschwach. Gleiches gilt für Hintergrundbilder. Wenn überhaupt, dann nur mit schwachem Kontrast. Hintergrundbilder dürfen nicht ablenken.
- Verwenden Sie keine farbigen Randelemente oder gefüllte Farbrahmen, wie es verschiedene Grafikprogramme für den Folienaufbau anbieten. Lassen Sie den Rand weiß, damit sich die Zuschauer auf den Inhalt und nicht das Drumherum konzentrieren.
- Wenn Sie mit Negativschriften arbeiten, also weiße Schrift auf dunklem Hintergrund, sorgen Sie dafür, dass der Text mühelos gelesen werden kann, dass der Hintergrund die Textzeilen und Bilder nicht »erschlägt«, beispielsweise zu dunkel ist (Schwarz ist daher ungeeignet, besser Blau), oder in einer Farbe gehalten wird (Rot, Lila, Grün), die mehr Aufmerksamkeit erhält als der eigentliche Inhalt. Der Text sollte in diesem Fall »fett« geschrieben werden.

Der Bildaufbau

Der Bildaufbau sollte den Wahrnehmungsgewohnheiten des Publikums sowie Ihren eigenen Zielintentionen entsprechen. Überlegen Sie also, wo Sie beispielsweise eine wichtige Aussage oder die Abbildung des zentralen Produkts Ihrer Präsentation auf der Folie platzieren. Beispielsweise am unteren Rand der Folie – »Dieses Produkt trägt alles andere auf starken Schultern« – oder oben in der Mitte – »Das Produkt ist ›Spitze‹, alles andere kommt darunter!« – oder in der Mitte – »Alles dreht sich um unser Produkt!«. Alle diese Möglichkeiten eignen sich, je nach Aussage, die Sie treffen wollen.

Beim sukzessiv-animierten Aufbau des Charts hat es sich eingebürgert, dass dieser von links (Vergangenheit, Gegenwart) nach rechts (Gegenwart, Zukunft) verläuft. Wenn etwas erfolgreich ist, dann platzieren Sie es oben und nicht unten. Die Börse hat uns gelehrt, dass ein nach rechts oben ausgerichteter Pfeil steigende Kurse und damit etwas Positives bedeutet.

Die Auswahl der Visualisierungsformen

Wenn Sie eine Textfolie präsentieren, prüfen Sie sorgfältig, ob sich diese nicht auch durch eine organigrammähnliche Grafik oder eine Kombination aus Text und Bild ersetzen ließe. Gleiches gilt für Tabellen: Lassen sich die Daten ohne Informationsverlust nicht auch durch Schaubilder darstellen? Der Hintergrund für diese Praxisempfehlung: Wenn beispielsweise in der Präsentation zehn Textcharts nacheinander gezeigt werden, wird es für die zusehenden Augen und aufnehmenden Gehirne optisch langweilig und auf der kognitiven Ebene anstrengend und ermüdend. Sorgen Sie also für eine abwechslungsreiche Reihenfolge von wenigen Text- und vielen anderen Charts!

Animationen und ClipArts

Ein Text kann von allen Seiten ins Bild hineinschweben, er kann sich aus vielen kleinen Scherben aufbauen und in gleicher Weise wieder verschwinden. Man kann aber auch die erzielten Verkaufszahlen mit einer lachenden Sonne unterlegen. Alle diese Animationen widersprechen der früher einmal gelernten Art, Visualisierungen zu erfassen, beispielsweise das Erfassen eines Textes beim Aufschlagen einer Buchseite oder das Betrachten eines Bildes in einer Zeitung. Die durch den Computer ermöglichten »lebendigen« Animationsformen sichern durch ihren Überraschungseffekt die Aufmerksamkeit der Betrachter. Dies jedoch nur so lange, wie nicht jede Seite einer Präsentation, jede Grafik und jedes Bild um besondere Aufmerksamkeit »buhlt«. Dann wirkt das Betrachten auf die Zuschauer vielleicht kurzweilig und spaßig, schließlich kommen derartige Spezialeffekte ja auch aus der Unterhaltungsindustrie. Die Konzentration auf die Inhalte und das Behalten der Kernaussagen bleiben jedoch auf der Strecke.

Gehen Sie also sparsam mit dem animierten »Stück für Stück«-Zeigen von Chartinhalten um. Spätestens nach drei bis maximal fünf Klicks sollte das Chart komplett sein. Und dies ohne optische Spielereien, sondern nur in der nüchternen Animationsform »Erscheinen«, wenn Sie PowerPoint benutzen.

Und was die ClipArts der Standardsoftwareprogramme oder die vielen ClipArts-Angebote im Internet angeht: Zwar kann man sie sehr vielfältig einsetzen, gleichzeitig begegnet man ihnen aber überall. Sie wirken schnell langweilig. Und so unüberschaubar und vielfältig das Angebot auch ist: Prüfen Sie immer kritisch die Wirkung dieser ClipArts auf die späteren Zielpersonen Ihrer Präsentation, denn was für Sie witzig wirken mag, kann für das Publikum albern und platt wirken. Oder überlegen Sie doch einmal, einen Grafiker zu bitten, Ihnen ein paar Figuren zu malen, die Sie einscannen und zu Ihrem ganz persönlichen Markenzeichen machen.

Die Schriftgestaltung

Wenn Sie Schrift auf Ihren Charts oder Folien haben, sollte diese ohne Anstrengung für alle Teilnehmer Ihrer Präsentation zu lesen sein. Jede Anstrengung des Auges, um eine zu kleine oder undeutliche Schrift zu entziffern, bedeutet für Ihr Publikum zusätzliche Mühe und lenkt von den Inhalten ab.

Die Schriftgröße muss so gewählt werden, dass sie auch von der hintersten Sitzposition aus gelesen werden kann. Die angemessene Schriftgröße sollte vorher selbst ermittelt werden. Informieren Sie sich daher über die Größe des Raums und die Entfernung bis zur letzten Reihe.

Gleiches gilt für den PC. Eine Schrift, die Sie noch mühelos vor sich auf dem Bildschirm lesen können, kann, auf den Monitor oder über Projektor/ Beamer auf die Leinwand projiziert, vollkommen unleserlich erscheinen. Für einen Raum mit 20 oder mehr Teilnehmern sollte die Schriftgröße auf Ihren Folien auf keinen Fall weniger als 20 Punkt betragen.

Erst die Schriftstärke ergibt zusammen mit der Schriftgröße eine angenehme Lesbarkeit. Die speziell für den Einsatz auf Flipchart- oder Pinnwandpapier konstruierten Filzschreiber verfügen deshalb über eine breite, abgeschrägte Spitze. Bei den handschriftlichen Folienschreibern sind in den meisten Fällen die Strichstärken M und F ausreichend.

Und was die Schriftarten angeht: Verwenden Sie eine serifenlose Schrift, also eine Schrift ohne »Häkchen«, beispielsweise Arial, **Helvetica** oder Univers. Diese Schriften sind als »Plakatschriften« einfach und auf einen Blick gut zu erfassen. Für Präsentationen nicht geeignet sind Antiquaschriften, wie Times New Roman, Bookantiqua, Garamond oder Ähnliche. Aus diesen Schriften werden Fließtexte gesetzt, also schriftliche Berichte wie dieses Buch hier und natürlich jeder Roman.

Für die von Ihnen verwendete Schrift gilt der Grundsatz: nur mit einer Schriftart arbeiten und die dazugehörigen Hervorhebungen verwenden, also *kursiv*, **fett**, <u>Unterstreichung</u> oder g e s p e r r t e Schrift.

Die auf der nächsten Seite folgenden Vorschläge verhelfen zu einer lesbaren Handschrift bei Visualisierungen, wenn Sie beispielsweise neben PowerPoint ein Flipchart oder eine Pinnwand als Medium einsetzen:

Das einheitliche Layout

Eine einmal gewählte Grundgestaltung sollte sich in allen Visualisierungen einer Präsentation unverändert wiederholen. Ein einheitliches Layout zeigt sich beispielsweise in einer unveränderten, funktionalen Farbzuordnung. Alle Überschriften erscheinen beispielsweise rot und fett, alle Hervorhebungen grün; oder Ihr Firmenlogo hat seinen Platz stets rechts oben neben dem Rahmen. Einheitlichkeit bedeutet jedoch nicht, dass sämtliche Folien gleich aussehen. Dies wäre dann der Fall, wenn Sie ausschließlich mit Textfolien arbeiten würden. Daher auch an dieser Stelle wieder unsere Empfehlung: Bringen Sie bei einem einheitlichen Layout Abwechslung in Ihre Visualisierungen. Ergänzen sie Textfolien um Fotos, gezeichnete Bilder, Grafiken, Schaubilder, Tabellen oder um kleine Filmsequenzen.

Bei der Erstellung von Texten, Tabellen, Schaubildern und Bildern zu beachten

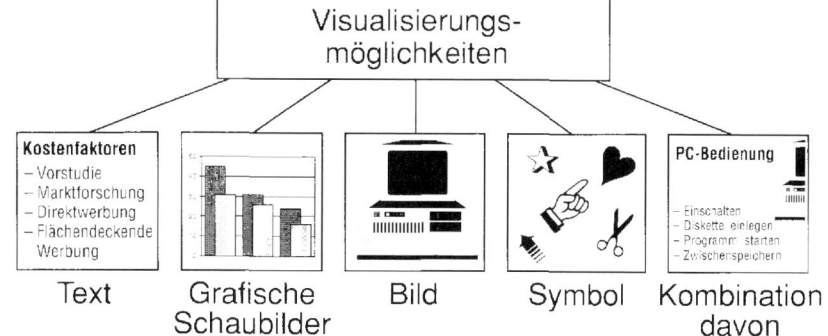

Visualisierungen bestehen nicht unbedingt nur aus Bildern oder Filmsequenzen. In der Praxis stößt man ebenso auf Texte, Tabellen, grafische Schaubilder, Zeichen und Symbole. Meistens wird eine Kombination von zwei oder mehreren dieser Visualisierungselemente eingesetzt.

Unabhängig davon, ob Sie Ihre Visualisierungen mit der Hand anfertigen oder eine ausgefeilte Präsentationssoftware verwenden, für die Gestaltung von

- Textvisualisierungen,
- grafischen Schaubildern wie Linien-, Balken- oder Kreisdiagrammen,
- Bildvisualisierungen,
- Symbolen, piktogrammähnlichen Zeichen oder
- Kombinationen verschiedener Visualisierungsmöglichkeiten

lassen sich eine Reihe von Grundregeln formulieren.

Der geschriebene Text/Textfolien

Visualisierter Text eignet sich für Zusammenfassungen, Aufzählungen von Argumenten, für Gegenüberstellungen von Vor- und Nachteilen oder für die Hervorhebung wichtiger Aussagen. Als Text kann auch der Ablauf Ihrer Präsentation visualisiert werden. Damit der visualisierte Text möglichst hohe Wirkung erzielt, sollte er plakativ gestaltet sein. Das bedeutet:

- Visualisieren Sie nur die wichtigsten Kernaussagen.
- Sorgen Sie dafür, dass jeder neue Textanfang als solcher sofort erkannt wird. Dabei helfen beispielsweise Aufzählungszeichen (die berühmten *Bullet-Points*) wie ❖ ◆ ✎ ☛ ☝ ☞ ★ ☒ ➔ ☑.

- Verwenden Sie einfache und verständliche Formulierungen.
- Formulieren Sie keinen langatmigen Prosatext, arbeiten Sie stattdessen mit aussagekräftigen, kurzen Formulierungen und – wenn es Sinn macht – mit Stichworten.
- Lassen Sie ausreichenden Abstand zwischen den Zeilen.
- Schreiben Sie so groß, dass der Text auch in der letzten Reihe mühelos gelesen werden kann.
- Beschränken Sie sich auf etwa sieben Inhaltspunkte oder Stichwortzeilen pro Textvisualisierung.

Noch ein Wort zum flächigen Verteilen von Stichwortzeilen auf dem Chart oder der Folie: Wenn Sie ein Chart mit fünf einzeiligen Textzeilen haben und zum unteren Rand sind noch 3–5 cm Luft, so markieren Sie die Textzeilen und wählen unter FORMAT die Funktion »Zeilenabstand«. Probieren Sie mal einen Zeilenabstand von 1.3 oder 1.5 aus, und schon rutschen Ihre fünf Textzeilen weiter voneinander weg. Das Chart wird flächiger gefüllt und die Textzeilen sind klarer voneinander getrennt! PowerPoint beispielsweise arbeitet mit der Standardeinstellung 1.0.

Versuchen Sie auf jeden Fall, Ihre Textfolie spannend und anschaulich zu gestalten. Es muss nicht immer eine Liste mit *Bullet-Points* sein, die projiziert und im schlimmsten Falle noch abgelesen wird.

Anforderungen an Textvisualisierungen

Plakativ gestalten!

→ Nur wichtige Kernaussagen

→ Einfache Formulierungen

→ Stichwortartige Aufzählung

→ Abstand zwischen Zeilen

→ Lesbar bis zur letzten Reihe

→ Maximal 7 Inhaltspunkte pro Visualisierung

Textchart: So bitte nicht …

Kennzeichen der neuen, erweiterten Werbekampagne

• Unsere neue Werbekampagne (Start im 3. Quartal nach Freigabe durch die Geschäftsleitung) soll in besonderer Weise die außergewöhnliche Bedienerfreundlichkeit unseres neuen Produktes „XXplus" hervorheben und zweitens den hohen Anwendernutzen für die Zielgruppen deutlich machen (Zielgruppen sind 29- bis 50-jährige Berufstätige, die überwiegend in den großen Ballungszentren leben). Außerdem soll auf das außergewöhnlich jugendliche Design aufmerksam gemacht werden.

• Besonderes Kennzeichen der Kampagne sind der parallele Einsatz von Print- und elektronischen Medien sowie die Nutzung des Internets. Gedacht ist an Chatrooms, Blogs, Web.3-Websites und Ähnliches.

• Nach Kampagnenstart im 3. Quartal wird eine parallele Marktstudie Nachhaltigkeit und Umsatzsteigerungen sowie wöchentliche Verkaufszahlen des Produkts XY stichprobenartig messen und so die Basis für evtl. Korrekturmaßnahmen liefern.

• Wichtig für die Implementierung der Werbekampagne in unser Unternehmen ist die Teilnahme möglichst vieler Verantwortlicher an der Arbeitsgruppe „Werbekampagne". Die Ziele und Aufgaben des Arbeitsgruppe werden in der Präsention noch ausführlich vorgestellt. Die Teilnahme an der Arbeitsgruppe wird von der Geschäftsleitung ausdrücklich befürwortet.

www.praesentieren.biz

Anmerkung zum PowerPoint-Chart: Es ist den Autoren bewusst, dass das Chart mit einem abgebildeten Produktfoto keine reine Textvisualisierung darstellt. Ohne Bild, also als reiner Text, ginge es in der hier vorgeschlagenen Form natürlich ebenfalls. Aber mit einem passenden Bild bekommt ein übersichtlich gesetzter Text noch eine besondere Note. Daher die dringende Empfehlung: Wenn immer es geht, versuchen Sie ein passendes Bild oder eine passende Grafik neben den Text zu setzen.

Textchart: Eher so …

Kennzeichen der neuen Werbekampagne

⇨ Drei zentrale Werbeaussagen zum Produkt XXplus

  – ausgeprägte Bedienerfreundlichkeit
  – hoher Anwendernutzen
  – attraktives, junges Design

Bild des neuen Produktes „XXplus"

⇨ Zielgruppen: 29- bis 50-jährige Berufstätige in Ballungsgebieten

⇨ Medienmix als Alleinstellungsmerkmal

⇨ Kampagnenkontrolle durch parallele Marktstudie

⇨ Start: 3. Quartal

⇨ Unterstützung der Kampagne durch die Arbeitsgruppe „Werbekampagne"

www.praesentieren.biz

Auch eine Textvisualisierung kann farbig sein. Einzelne Textblöcke können in einem Kasten auftreten, der farbig hinterlegt ist (s.S. 39). Diese Kästen wiederum können in einem aussagekräftigen Verhältnis zueinander stehen. Versuchen Sie, sich selbst bei reinen Textvisualisierungen der Idee von Bildern, Strukturen, Prozessen anzunähern. Häufig geht mehr, als die gelegentlich armselig wirkende Praxis glauben macht.

Und noch etwas: Immer wieder wird es Situationen in Ihrer beruflichen Praxis geben, wo Sie von den angeführten Empfehlungen abweichen müssen. So betreuen die Autoren Präsentierende, deren Kunden es ausdrücklich verlangen, dass auf einzelnen Charts möglichst viele Belege zu einer zentralen Aussage aufgeführt werden – bei spielsweise, warum der europäische Markt auch noch in drei Jahren attraktiv für die Einführung eines bestimmten Produkts sein wird. Die dabei erstellten Charts können leicht zwischen 15 und 20 Inhaltspunkte enthalten. Dies wird vom Kunden gewünscht und muss von den Präsentierenden professionell gestaltet sowie anregend und spannend vorgestellt werden. Die von uns aufgestellte Regel mit den sieben Inhaltspunkten pro Chart soll daran erinnern, nur das wirklich Wichtige und zur Zielerreichung Notwendige an Texten auf eine Folie zu packen.

Tabellen

Tabellen ordnen Zahlen in eine Reihenfolge und stellen dadurch Abläufe oder Beziehungen übersichtlich dar. Beim Erstellen von Tabellen sollten Sie auf folgende Punkte besonders achten:

- Gestalten Sie die Tabelle so, dass sich Kopfzeile und -spalte durch eine stärkere Umrandungslinie oder eine herausgehobene Schrift abheben.
- Beschränken Sie die Anzahl der Spalten und Zeilen in der Tabelle auf das geringstmögliche Maß, das Sie benötigen, um die wirklich zentralen Inhalte zu präsentieren. Auch wenn Tabellen mit mehr als fünf Spalten und 20 Zeilen manchmal unumgänglich sind, so sollten sie doch die Ausnahme bleiben und in der Präsentation besonders begründet werden.
- Gestalten Sie die Spaltenbeschriftung lesbar; nummerieren Sie die Spalten gegebenenfalls, und versehen Sie sie mit einer Legende.
- Fassen Sie bei sehr vielen Spalten mehrere Spalten (zwei bis drei) durch dünne Linien zu Blöcken zusammen – aber nur, wenn dies inhaltlich vertretbar ist.

Umsätze und Reklamationen im Vergleich

	Umsatz in Millionen Euro			Telefonische Reklamationen in Tausend		
	II / 2008	I / 2009	II / 2009	I / 2008	II / 2008	I / 2009
Produkt „XX" (auch Produktbild möglich)	37	33	9	30	37	46
Produkt „AA"	54	64	62	21	21	26
Produkt „BB"	44	33	34	24	40	27

www.praesentieren.biz

Produktvergleich Netzwerkdrucker

Eigenschaften	Drucker XY	Nachfolgedrucker XYZ
Produktlebenszyklus	Minimal 12 Jahre	Minimal 15 Jahre
Serviceintervall	2 Millionen Kopien	3,5 Millionen Kopien
Grundüberholung	Nach 4 Jahren	Nach 3 Jahren
Stand-alone-Fähigkeit	Nein	Ja
Postscriptdruck	Eingeschränkt	Ja
Herstellungskosten	€ 20.400	€ 25.500
Druckkosten pro Kopie	0,005 €	0,004 €

www.praesentieren.biz

Ein Tipp für die Präsentation von Tabellen: Zunächst sollten Sie verbal einen orientierenden Überblick geben und die zentrale Aussage der Tabelle vorstellen: Umsätze und Reklamationen für unsere drei wichtigsten Produkte in den Jahren 2008 und 2009. Erst dann sollten Sie einzelne Zahlen, Spalten oder Zeilen kommentieren. Gleiches gilt auch für die Präsentation grafischer Schaubilder.

Grafische Schaubilder

Grafische Schaubilder sind das beste Mittel, um mit »Datenbergen« und schwer vorstellbaren Mengen- und Größenverhältnissen übersichtlich umzugehen. Häufig benutzte Formen sind: *Liniendiagramm*, *Balkendiagramm* (auch Säulen- oder Stabdiagramm) und *Kreisdiagramm*.

Für grafische Schaubilder gilt:

● Gestalten Sie Schaubilder übersichtlich. Begrenzen Sie daher die Datenmenge, und verzichten Sie auf überflüssige Details. Denken Sie an die magische Zahl sieben: Sieben Segmente eines Tortendiagramms sind in der Präsentation noch verdaubar für das Publikum, nicht aber 20. Das Gleiche gilt für die anderen grafischen Schaubildtypen.

● Nutzen Sie die Schaubilder, um komplexe Zusammenhänge zu vereinfachen.

● Stellen Sie möglichst nur ganze Zahlen dar. Verwenden Sie gerundete Werte.

● Wenn in einem Diagramm mehrere Farben aufeinandertreffen, achten Sie darauf, dass die Farben zueinander passen und ein »unaufgeregtes« Gesamtbild abgeben, also kein Feuerrot neben Gold, neben Schwarz, neben Hellgelb. Arbeiten Sie eher mit dezenten, sich ähnelnden Farben.

● Wie auch bei Tabellen geben Sie in der Präsentation zuerst einen Überblick über das ganze Schaubild sowie die Bedeutung der verschiedenen Achsen, bevor Sie auf einzelne Ergebnisse eingehen.

Liniendiagramme verbinden Zahlenwerte in einem Koordinatensystem. Das kann in Form von geraden Linien oder auch durch Kurven geschehen. Sie werden häufig eingesetzt, um Bewegungen oder Verschiebungen in einem zeitlichen Ablauf zu verdeutlichen. Mit Liniendiagrammen lassen sich Wachstumsentwicklungen, Trends oder Schwankungen auf einen Blick erkennen.

Darauf sollten Sie bei Liniendiagrammen besonders achten:

- Verwenden Sie möglichst nicht mehr als vier bis fünf Linien in einem Liniendiagramm. Mehr Linien verwirren; besonders wenn einige Linien eng zusammen oder gar übereinander liegen.
- Verwenden Sie bei farbigen Kurven, Linien etc. die jeweils gleiche Farbe für die dazugehörige Textlegende.
- Nehmen Sie für unterschiedliche Linien verschiedene Farben oder Linienarten (Punkte, Striche).
- Legen Sie möglichst keine gesonderte Legende an. Legen Sie die Bezeichnung direkt an die Kurve oder in deren Nähe, sodass man sofort erkennt, was die Linie ausdrücken möchte.
- Je nach Maßstab an der Ordinate erzielen Sie andere Kurvenverläufe. Überlegen Sie, was Sie ausdrücken wollen, und begründen Sie dies in der Präsentation.

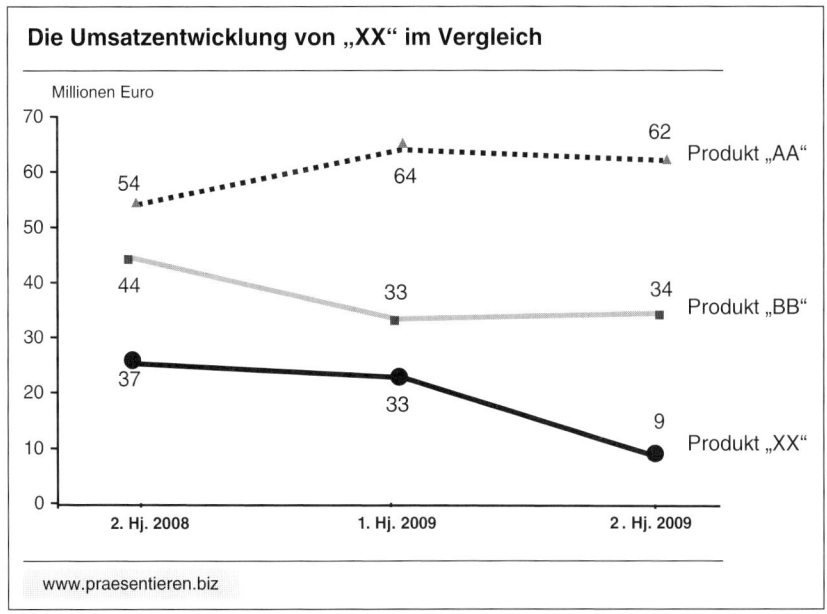

Balkendiagramme (auch Säulendiagramme oder Stabdiagramme) schaffen sichtbare Vergleiche und bilden Größenverhältnisse ab. Die Balken können horizontal oder vertikal angeordnet sein.

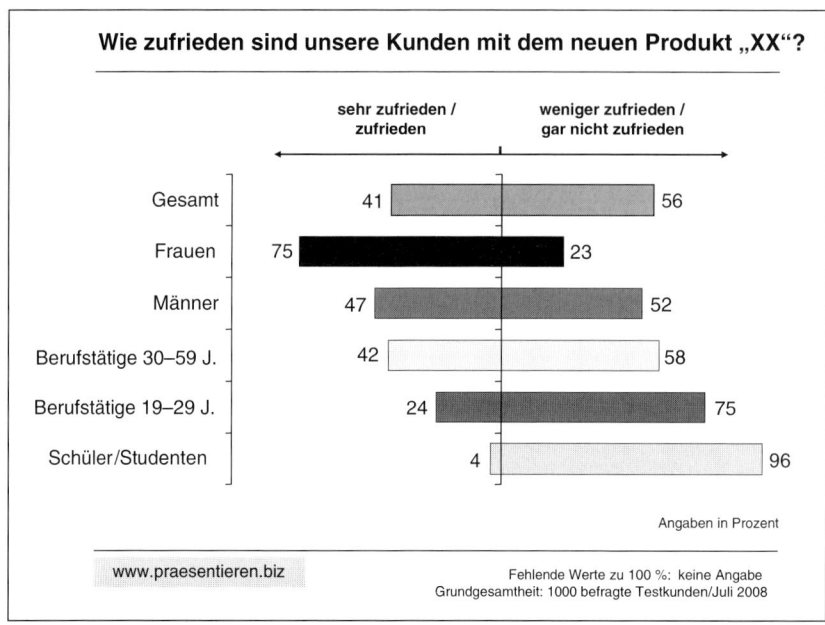

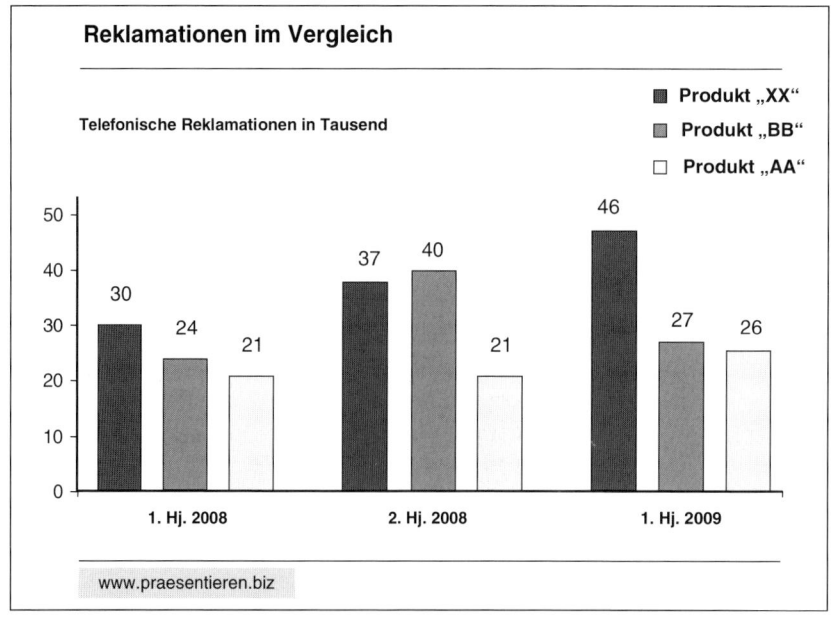

Darauf sollten Sie bei Balkendiagrammen besonders achten:

● Zweidimensional gezeichnete Balken sind leichter zu vergleichen als drei-dimensionale.
● Der Abstand zwischen den Balken sollte etwa die Hälfte der Balkenbreite betragen.
● Zeichnen Sie den Nullpunkt der Ordinate ein.
● Die einzelnen Balken können durch unterschiedliche Kontraste oder durch Farben unterschieden werden. Aber: Vermeiden Sie auffällige und unruhige Rasterungen sowie sehr grelle Farben.
● Schreiben Sie die Bezeichnung der einzelnen Balken nicht in diese Balken hinein.
● Zahlenwerte können über oder neben den Balken stehen.
● Die Textlegenden sollten die gleiche Farbe haben wie die Balken.

Mit *Kreisdiagrammen* (gelegentlich auch »Tortendiagramm« genannt) lässt sich das Verhältnis von Teilmengen zur Gesamtmenge anschaulich darstellen. Absolute Werte müssen dazu in Prozentwerte umgerechnet werden. Die einzelnen Segmente (»Tortenstücke«) werden entweder unterschiedlich schraffiert oder farblich voneinander abgegrenzt.

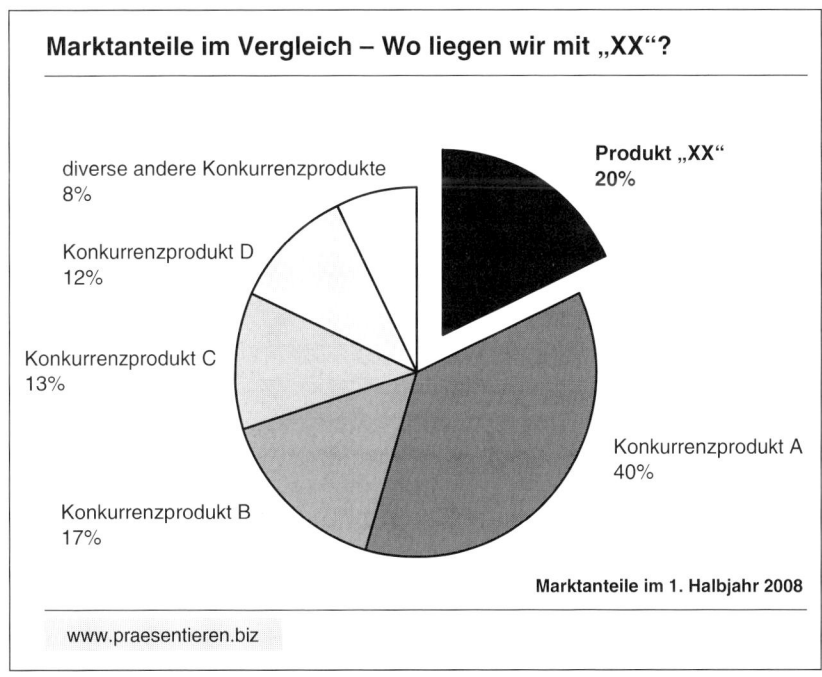

Marktanteile im Vergleich – Wo liegen wir mit „XX"?

diverse andere Konkurrenzprodukte
8%

Konkurrenzprodukt D
12%

Konkurrenzprodukt C
13%

Konkurrenzprodukt B
17%

Produkt „XX"
20%

Konkurrenzprodukt A
40%

Marktanteile im 1. Halbjahr 2008

www.praesentieren.biz

Darauf sollten Sie bei Kreisdiagrammen besonders achten:

- Das Beschriften der einzelnen Elemente kann außerhalb mit einem Verbindungsstrich erfolgen. Nur bei großen Schaubildern und wenigen Kreissegmenten kann die Beschriftung innerhalb der Kreissegmente stehen.
- Ein Kreis sollte, um übersichtlich zu bleiben, in nicht mehr als fünf bis sieben Segmente aufgeteilt werden.
- Rechnen Sie absolute Werte in Prozente um. Der vollständige Kreis bildet immer 100 Prozent.
- Die für Ihre Argumentation besonders wichtigen Kreissegmente können farblich hervorgehoben oder aus dem Kreis herausgezogen werden.
- Wie beim Balkendiagramm gilt auch hier: Zweidimensional gezeichnete Torten sind leichter zu erfassen als dreidimensionale.

Schaubilder, Symbole, schematische Darstellungen

Die modernen Präsentationsprogramme bieten mit veränderbaren »Autoformen« vielfältige Möglichkeiten an, Abläufe, Strukturen, Organisationsformen, Zusammenhänge und vieles mehr zu visualisieren. Mit diesen Formen lassen sich komplexe Aussagen mit relativ wenig Aufwand darstellen. Die große Kunst besteht auch hier darin, die einzelnen Grafikelemente passend zu den Kernbotschaften auszuwählen und zu gestalten. Das bedeutet einen vorsichtigen Umgang mit »Farben«, eine übersichtliche Anordnung der einzelnen Elemente sowie eine knappe, jedoch aussagekräftige Texturierung der Aussagen.

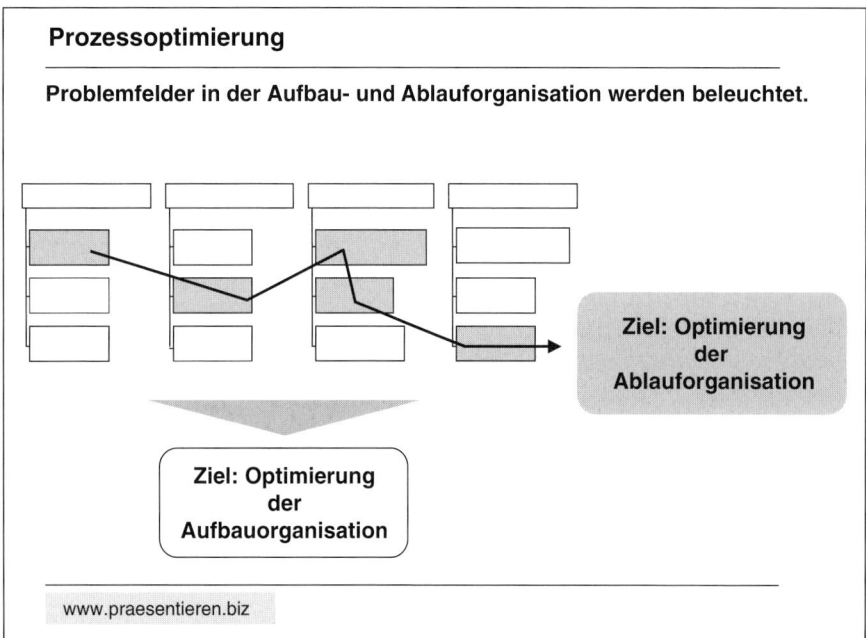

Bilder

Bilder können komplexe Sachverhalte nicht nur einfach und anschaulich ausdrücken und mit einem Blick verständlich machen. Häufig können sie auch Geschichten erzählen. Sie lösen bei den Anwesenden Ihrer Präsentation Assoziationen und Gefühle aus. Diese Gedanken und Empfindungen können positiv wirken: Ein Bild kann Freude bereiten, lustig sein, zum Lachen anregen; es kann aber auch negativ wirken und Widerstand erzeugen, abstoßen und deplatziert wirken.

Bei der Vorbereitung einer Präsentation sollten Sie den Bild- und Symboleinsatz daher sorgfältig auf Ihre Zielgruppe abstimmen. Nicht jedes Bild eignet sich für jedes Publikum gleichermaßen. Es ist nicht entscheidend, wie Ihnen das Bild gefällt, sondern wie es aller Voraussicht nach auf das Publikum wirkt!

Das Internet, aber auch die eigene Digitalkamera machen es möglich, dass Ihnen fast schon unendlich viele Bilder zur Verfügung stehen. Hier wird die Auswahl zur Qual und zum Zeitfresser. Zudem dürfen aus Copyrightgründen nicht alle Bilder honorarfrei genutzt werden! Viele Präsentierende richten sich eine Datei mit Bildern ein, die sie jederzeit in ihren Präsentationen verwenden können. Manche kommen aus dem Netz, andere sind selbst gemacht und die (gelegentlich besten) steuern liebe Kollegen oder die Werbeabteilung des Unternehmens bei (wenn Sie wüssten, was dort alles auf Sie wartet!). Der Vorteil: Ihre Präsentation gehorcht den Layoutvorschriften Ihres Unternehmens, bekommt zudem durch das eine oder andere Bild von Ihnen eine besondere Note.

Ein Transportmittel Ihrer Wahl?

www.praesentieren.biz

Kombinationen

Sie können die verschiedenen Visualisierungsmöglichkeiten wie Text, Grafik und Bild miteinander kombinieren und auf einem Chart oder einer Folie vereinen. Dies geschieht in den meisten Präsentationen, die mit dem Computer erstellt werden. Dabei bieten sich besonders Kombinationen an, bei denen Texte, Tabellen oder Schaubilder zusammen mit Bildern oder Symbolen gestaltet werden.

Derartige Kombinationen beleben und lockern die Visualisierung auf. Ihre Elemente sind aufeinander bezogen und regen dadurch zur intensiven Wahrnehmung an. Der bildhafte Anteil in diesen Kombinationen zielt aber auch auf die Gefühle der Teilnehmer Ihrer Präsentation. Es besteht die Gefahr, dass das Bild die Sachaussage erdrückt – ein jeder reagiert begeistert auf das Bild, an die Aussage der gesamten Visualisierung erinnert sich jedoch kaum jemand! Sie sollten hier genau überlegen, mit wie vielen und welchen Bildern Sie Ihr Publikum konfrontieren. Dies auch noch aus einem anderen Grund: Für den Fall, dass Sie abstrakte Aussagen präsentieren, beispielsweise »Erfolg«, »Visionen für die Zukunft«, »Qualität« und Ähnliches, ist es häufig nicht leicht, passende Bilder zu finden, die den Kern und die besondere Intention Ihrer Botschaft ausdrücken und auf den Punkt bringen. Das Ergebnis sind die von vielen Präsentierenden gleichermaßen genutzten ClipArts, kleine Männchen oder nach oben gestreckte Daumen. Viele leihen sich von anderen die Bildchen aus – »weil sie so gut passen« –, und so entsteht ein »Einheitsbrei« an Visualisierungen. Nun ist es leichter, diese Praxis zu kritisieren, als es anders und vor allem besser zu machen. Und dennoch: Versuchen Sie mit der Zeit eine eigene »Bilderschrift« zu entwickeln, eigene aussagekräftige Bilder zu finden, die Ihre Botschaften unterstützen. Dies ist dann am einfachsten, wenn Sie beispielsweise über eine technische Neuentwicklung präsentieren und Abbildungen Ihres Präsentationsobjekts zeigen. Derartige Fotos kommen immer gut an – vorausgesetzt, sie sind einigermaßen professionell belichtet und zeigen genau das, worüber Sie sprechen werden.

Bei der Auswahl und dem Einsatz von Bildern helfen einige Fragen:

- Welche Ziele wollen Sie mit bildunterstützten Visualisierungen erreichen?
- Wird diese Zielsetzung durch die geplante Anordnung von Text, Grafik und Bild erreicht?
- Wie passt die Bildaussage zum Textinhalt und zur Zielsetzung der Gesamtaussage?
- Wie werden die Bilder bei den Anwesenden ankommen, werden sie positiv wirken?

Präsentieren mit Laptop, Beamer & Co. – der professionelle Umgang mit den Medien

»Ist dieses Kapitel nicht etwas überflüssig? Reichen nicht ein paar Tipps zum Umgang mit Laptop und Beamer?«

»Es stimmt schon, dass viele, vielleicht sogar die meisten Präsentationen im Wirtschaftsleben mit PowerPoint erstellt und mit Laptop und Beamer präsentiert werden. Daher werden wir diese Medien auch zuerst behandeln. Nun gibt es aber Situationen, da ist das Flipchart das Medium der Wahl. Dann nämlich, wenn Sie beispielsweise vor einer Gruppe wichtiger Kunden relativ spontan die Prozesse darstellen müssen, die in Ihrem Bereich zur Qualitätssicherung eingehalten werden. Nicht zu jedem Thema haben Sie eine PowerPoint-Präsentation parat. Also können Sie aus dem, was für andere eine Krise bedeuten würde, eine richtig gute Erfolgsstory machen: Sie entwickeln Ihre Ideen vor den Augen der Kunden am Flipchart. Unter uns gesagt, eine besonders elegante Art zu visualisieren.«

»Also zusätzlich zu Laptop und Beamer auch noch das Flipchart?«

»Ja. Und auch die Pinnwand, das zentrale Medium bei moderierten Workshops. Wir wollen aber auch noch kurz eingehen auf den guten alten Overheadprojektor, schließlich findet er doch noch hin und wieder Verwendung. Erwähnen wollen wir auch den Einsatz von Filmen während einer Präsentation und die Nutzung der guten alten Schreibtafel, die jetzt in Weiß als ›Whiteboard‹ in vielen Besprechungszimmern hängt.«

»Und die mit digitaler Rückwand ein Hightechmedium geworden ist!«

»Dazu später. Vorher jedoch einige allgemeine Hinweise für den Einsatz von Medien. Die gelten, ganz egal, ob Sie mit dem Beamer arbeiten oder am Flipchart stehen.«

Generelle Hinweise für den Einsatz von Medien

Freie Sicht aller Teilnehmer auf die Abbildungen. Überprüfen Sie vor Beginn Ihrer Präsentation, ob von jedem Platz aus Projektionsfläche, Monitor, Flipchart oder Pinnwand vollständig und ohne Kopfverrenkungen zu sehen sind. Platzieren Sie entweder Ihr Publikum entsprechend, oder stellen Sie die Medien um. Beim »Umplatzieren« gerade von Entscheidungsträgern können Sie bei dieser Gelegenheit gleich »Präsentationsautorität« und die im Geschäftsleben wichtige Schlüsselkompetenz »Initiativkraft« demonstrieren.

Der dargestellte Inhalt muss für alle lesbar und erkennbar sein. Auch noch so professionell gestaltete Visualisierungen verfehlen ihr Ziel, wenn sie nicht von allen erkannt oder gelesen werden können. Richten Sie also den Präsentationsraum so her, dass die Medien nahe genug beim Publikum stehen. Für den Fall, dass Sie vor einem großen Publikum in einem langen, schmalen Raum sprechen, müssen Sie gegebenenfalls den einen oder anderen Inhalt Ihrer Visualisierungen den neuen Gegebenheiten anpassen.

Geben Sie genügend Zeit für das Aufnehmen oder das Lesen der gezeigten Inhalte. Wann immer Sie ein neues Chart aufrufen, eine OHP-Folie auflegen oder eine Flipchartseite umblättern: Ihre Teilnehmer müssen sich erst einmal mit dem vertraut machen, was da an Neuem erscheint. Alle Aufmerksamkeit wird sich darauf konzentrieren, den Text zu lesen, die projizierte Grafik zu erfassen oder über das Bild mit den neuen technischen Details nachzudenken. Erst dann sind alle bereit, wieder Ihren Ausführungen zu folgen. Machen Sie daher eine kurze (zwei Sekunden) Pause mit Blick auf die Zuhörer, bevor Sie mit den Erläuterungen der Visualisierung beginnen.

Halten Sie während des Medieneinsatzes Blickkontakt zum Publikum. Auch beim Medieneinsatz steht Ihr Publikum im Mittelpunkt Ihrer Präsentation und nicht das projizierte Bild oder das beschriebene Flipchartblatt. Wenden Sie Ihren Blick nur so lange vom Publikum ab, wie es notwendig ist, um eine bestimmte Stelle auf der projizierten Zeichnung zu zeigen oder eine Textstelle als Stichwort für die weiteren Ausführungen aufzugreifen.

Führen Sie durch die Visualisierung. Auch wenn Sie mit Ihrer Aufmerksamkeit bei Ihrem Publikum sind, zeigen Sie immer wieder auf die Stelle in der Visualisierung, über die Sie gerade sprechen: mit der Hand auf das Flipchart und die Pinnwand, mit einem Stift auf die OHP-Folie oder je nach Raumgröße mit Hand, Stift oder Laserpointer beim PowerPoint-Chart. Sie verdeutlichen dadurch auch körperlich die Zusammengehörigkeit von Wort und Bild. Ergänzend zum Zeigen können Sie verbal die Blicke durch eine Visualisierung lenken: »Links oben sehen Sie …«, «Wenn Sie sich die blaue Kurve anschauen ...«, »Die dritte Stichwortzeile beschreibt eindringlich ...«, »Der rote Balken lässt erkennen, wie wichtig …«. Wenn Sie viel zeigen, werden Sie sich häufiger zur Leinwand hin und damit vom Publikum abwenden, als wenn Sie die Visualisierung für sich sprechen lassen können, beispielsweise bei einem Bild. Vom Publikum wird dies ohne »Murren« akzeptiert, wenn Sie sich während des Zeigens immer wieder mit kurzen Blickkontakten den Teilnehmern zuwenden. Das gilt gleichermaßen für die Entwicklung eigener Gedanken am Flipchart, bei der Sie länger abwesend sind als beim bloßen Zeigen. Auch hier gilt: Drehen Sie sich immer wieder kurz zum Publikum um, und verdeutlichen Sie so, dass Sie die Arbeit am Flipchart ausschließlich für die Anwesenden tun.

Erläutern Sie nur das, was das Medium auch darstellt. Das Zeigen einer Visualisierung erzeugt beim Publikum eine stark auf den Text, das Bild, die Grafik etc. gerichtete Aufmerksamkeit. Nutzen Sie diese, indem Sie auch nur über etwas sprechen, was im Zusammenhang mit den gerade visualisierten Inhalten steht. Gleiten Sie auch nicht in Nebenthemen ab, oder geben Sie nicht zu viele, oft »erschlagende« Zusatzinformationen!

Bereiten Sie alles vor, um die Medien optimal einsetzen zu können. Auch beim Einsatz der Medien läuft nichts ohne die sogenannten Kleinigkeiten. Haben Sie die nötigen Verbindungskabel dabei, um Ihren Laptop mit dem Projektor zu verbinden? Haben Sie Stecknadeln dabei und in greifbarer Nähe, um die Kärtchen an die Pinnwand anzuheften? Sind die richtigen und nicht ausgetrockneten Filzstifte da, um ein Flipchart beschreiben zu können? Haben Sie an unbeschriebene Folien gedacht, um während der Präsentation spontan eine Idee zu skizzieren? Und: Haben Sie die Medien vor ihrem Einsatz auf Funktionstüchtigkeit überprüft? Haben Sie auch immer Reservebatterien für die »Presentermouse«, den Laserpointer oder das Netzteil für Ihren Laptop dabei?

Setzen Sie mehrere Medien ein. Wenn Sie bei einer längeren Präsentation nur mit einem Medium arbeiten, kann die Darstellung monoton wirken – zum Beispiel dann, wenn Sie die ganze Zeit relativ gleich aussehende Tabellen auf eine Leinwand projizieren. Auf der anderen Seite beschreibt das spöttische Wort vom Medienfeuerwerk eine Präsentation, bei der Sie in wenigen Minuten von einem Medium zum anderen eilen und nach Flipchart, Pinnwand und Laptop endlich beim Diaprojektor landen und dabei vergessen haben, den Videofilm auszustellen.

Da mittlerweile in vielen Unternehmen Laptop und Beamer Pflicht geworden sind, haben sich einige Präsentierende dazu entschlossen, als Ergänzung zu diesem Medium beispielsweise wichtige Kernaussagen oder besondere Produkteigenschaften am Flipchart festzuhalten. Auch die Funktionsweise eines Werkzeugs kann mit wenigen Strichen für alle leicht verstehbar am Flipchart entwickelt werden. Dieses Vorgehen lockert auf, und die so entstandene Visualisierung kann während der gesamten Präsentation gut sichtbar hängen bleiben und immer wieder zu Diskussionszwecken genutzt werden. So könnten es bei einer Beamerpräsentation das Flipchart oder die Pinnwand sein, um sich von anderen Präsentierenden abzuheben, die ausschließlich und allein mit dem Standardmedium PowerPoint arbeiten! Als zusätzliches »Medium« kann natürlich das Produkt selbst, ein Modell davon oder ein professionell erstelltes Plakat dienen. Während am Laptop die Seiten gewechselt werden, bleiben diese Gegenstände über längere Zeit sichtbar und helfen dem Verstehen und Behalten der präsentierten Inhalte.

Im Folgenden gehen wir näher auf die einzelnen Medien ein. Wir untersuchen ihre Merkmale und Stärken und geben praktische Hinweise, worauf Sie bei ihrem Einsatz achten sollten.

Präsentieren mit Laptop und Beamer

Seit Ende der 80er-Jahre ist die Projektion von Computerbildschirminhalten über ein LCD-Aufsatzdisplay und einen besonders lichtstarken Overheadprojektor möglich. Jetzt verstauben die damals sehr teuren Geräte zusammen mit den OHPs in den Kellern der Unternehmen, während Laptops und Projektoren (Beamer) immer kleiner, leistungsfähiger, leichter, lichtstärker und relativ zu diesen Leistungen auch preiswerter werden.

Einsatzmerkmale und Einsatzstärken

Die besonderen Leistungen der computergestützten Präsentation liegen auf der Hand:

- Eine schnelle Erweiterung der Inhalte, beispielsweise die Integration aktueller Zahlen in Grafiken, ist jederzeit möglich.
- Durch einen Mix von Standbildern (wie bei den klassischen Folien), Ton und Videosequenzen kann eine lebendige und abwechslungsreiche Darstellung erzielt werden.
- Mit zunehmender Weiterentwicklung der Projektoren lassen sich eine brillante Bildqualität und kontrastreiche Helligkeit erzielen.
- Präsentationen können schnell durch die ganze Welt geschickt, von anderen Personen verwendet oder weiterentwickelt werden. Sie können beispielsweise nach London gemailt und dort in einem Besprechungsraum projiziert und von Deutschland aus per Videokonferenz erläutert werden.
- Als Handout kann die Präsentation entweder schnell ausgedruckt, auf Datenträger ausgegeben oder als Mail verschickt werden.
- Per Speichermedium wie dem USB-Stick kann die Präsentation auch von »fremden Rechnern« aus gestartet werden.
- Die animierte »Stück-für-Stück«-Vorstellung von Charts bedeutet eine entlastete und zugleich gelenkte Informationsaufnahme für das Publikum.

Empfehlungen für bestimmte Geräte oder gar eine bestimmte Hardwarekonfiguration möchten wir an dieser Stelle nicht geben. Denn was wir heute als technische Spitzenleistung beschreiben, ist zu dem Zeitpunkt, an dem Sie diese Zeilen lesen, sicherlich »Schnee von gestern«. Daher unsere Empfehlung: Gönnen Sie sich ausreichend Informationszeit, studieren Sie die Fachzeitschriften, die Kataloge der Fachanbieter, und fragen Sie vor allem die Erfahrungen anderer Nutzerinnen und Nutzer in den vielen Internetforen ab.

Unabhängig davon einige grundsätzliche Empfehlungen:

- Wenn Sie Ihren Computer an einen fremden Projektor anschließen, sollten Sie ausreichend Zeit für mögliche (gelegentlich immer noch auftretende) Abstimmungsprobleme zwischen den Geräten vorsehen.
- Beachten Sie die Leistungsfähigkeit des Displays oder des Projektors. Für ein großes Publikum (über 50 Personen) benötigen Sie besonders leistungsstarke Projektoren.
- Prüfen Sie in jedem Fall Gewicht und Volumen der Projektionsgeräte, wenn Sie an wechselnden Standorten präsentieren oder das Flugzeug als Reisemittel nutzen.
- Setzen Sie als Fernbedienung die »Presentermouse« ein, die alle Steuerbefehle wie »Chart vor/zurück«, »Videosequenz starten« oder »Bildschirm schwarz schalten« per Funk zum Laptop überträgt. So können Sie im Raum den für Sie optimalen Standort einnehmen.
- Achten Sie auf einen leistungsstarken Laptop, der die Presentermouse-Befehle oder die Direkteingaben über die Tastatur möglichst verzögerungsfrei ausführt.

Besondere Handhabungshinweise

Auch für die Computerpräsentation gilt: Der Computer und seine Datenprojektionsgeräte haben ausschließlich die Funktion, den Präsentierenden zu unterstützen. Eine noch so tolle Hightechanlage ersetzt nicht den Dialog mit dem Publikum. Es sind immer Sie persönlich, die oder der für den Erfolg Ihres Auftritts maßgebend ist. Im Mittelpunkt stehen Ihre Zuhörer, nicht Ihr nagelneuer Hochleistungslaptop in der Größe einer Zigarettenschachtel.

- Beim Umgang mit den computergestützten Präsentationshilfsmitteln gelten die gleichen Grundregeln wie beim Overheadprojektor oder beim Flipchart: Reden Sie zum Publikum und nicht zur Leinwand oder zum Bildschirm.
- Sie sollten die Technik perfekt beherrschen. Beim Vor- und Zurückblättern – »Tolle Idee, können Sie mir noch mal das viertletzte Bild zeigen, das mit den Kosten für die Prospekte?« – nicht lange am Bildschirm herumsuchen, mit der Maus herumfahren oder auf der Tastatur herumhämmern. Und es wirkt nicht gerade versiert, wenn man mehrmals aus dem Präsentationsprogramm fliegt und auf der Leinwand immer wieder die Benutzeroberfläche zu sehen ist oder sich das Virenscanprogramm einblendet.

- Was den Seitenwechsel mit dem PC angeht, können Sie das jeweils folgende Bild von rechts oder links, von oben oder unten hereinflattern lassen. Die Programme bieten natürlich noch mehr Überraschungseffekte. Unser Tipp: Entscheiden Sie sich für eine Möglichkeit des Bildaufbaus und setzen Sie diese durchgängig ein. So vermeiden Sie Unruhe, Hektik oder Ablenkung von den Inhalten durch immer neue visuelle Überraschungen. Und verzichten Sie beispielsweise darauf, jede neue Zeile einzeln mit dem Ton eines quietschenden Rennwagens einfliegen zu lassen. Es sei denn, Sie präsentieren vor pubertierenden Jugendlichen und wollen sich bei diesen anbiedern.

- Zum Seitenaufbau: Beim Overheadprojektor wurde gelegentlich die ganze Folie abgedeckt und dann Zeile für Zeile wieder aufgedeckt, um Schritt für Schritt die eigenen Gedanken zu erläutern. PowerPoint hat dieses Vorgehen übernommen, indem man nun Zeile für Zeile auf die Folie einfliegen lassen kann. Wir warnen vor diesem zu stark »gestückelten« Zeigen eines Textcharts. Es kostet außerordentlich viel Zeit, erzeugt in der Regel Langeweile und zwingt den Redner dazu, sich nur auf einen einzigen Punkt zu beschränken. Das führt häufig zu einem eingeschränkten Aufzählen der einzelnen Punkte. Textfolien sollten unserer Erfahrung nach nur als Ganzes aufgerufen werden oder – wo es geht – in zwei Portionen, zum Beispiel wenn Sie eine tabellarische Textanordnung haben, wie Vergleich alt – neu. Das gibt dem Redner mehr Freiheiten im Umgang mit den Inhalten auf einem Textchart, beispielsweise: »Auf diesem Chart sehen Sie die einzelnen Etappen unseres Vorgehens. (Lesen lassen und kurz schweigen.) Nach der Diskussion, die wir zu Beginn meiner Ausführungen hatten, möchte ich an dieser Stelle besonders den Schritt vier unseres Vorgehens vorstellen und dabei aufzeigen, …«

- Dagegen können Bilder oder Schaubilder auf sehr spannende Weise entwickelt werden, indem beispielsweise ein Grundprozess mit einem Klick um weitere darübergelegte farbige Varianten ergänzt wird.

- Der Bildwechsel mit dem PC erfolgt annähernd unbemerkt, im Gegensatz zum unüberseh- und -hörbaren Folienwechsel oder gar zum Umblättern einer Flipchartseite. Das Publikum muss daher auf diesen Bildwechsel – besonders wenn es sich um Textgrafiken handelt – extra hingewiesen werden; beispielsweise: »Als Nächstes möchte ich auf die Finanzierung unseres Projektes eingehen. Die Zahlen, die Sie hier sehen können, zeigen besonders deutlich …« Oder: »Wir von der Projektgruppe wurden häufig gefragt … Dazu habe ich Ihnen folgendes Chart vorbereitet …«

- Und noch etwas spricht für solch einen eleganten Seitenwechsel. Die meisten Beamer-Präsentierenden wechseln die Seiten immer nach ein und demselben Muster: Klicken – die neue Seite erscheint – der Präsentierende schaut auf die Seite und erläutert dann die Visualisierung. Dieses Vorgehen wiederholt sich während der gesamten Präsentation gebetsmühlenartig und wirkt eintönig und langweilig. Variieren Sie Ihr Verhalten: Kündigen Sie die neue Seite, das neue Bild, Ihre nächste These vor dem Umblättern an. Das erzeugt Spannung, und Sie erscheinen als jemand, der die Präsentation aktiv lenkt, den Gang der Gedanken und Thesen bewusst vorantreibt und nicht einer vorgefertigten Seitenabfolge lediglich hinterherläuft. Also: Während das vorherige Bild noch zu sehen ist, wird die neue Visualisierung inhaltlich angekündigt: »Was bedeutet der durch die Geschäftsleitung vorgegebene Kostenrahmen für unsere Kampagne? Drei wichtige Konsequenzen haben sich bei der Entwicklung ergeben …!« – Jetzt die neue Visualisierung erscheinen lassen, kurze Pause machen (1–3 Sekunden!), Blickkontakt zum Publikum aufnehmen und dann weitersprechen: »Zum Ersten wollen wir zusammen mit Ihnen …«

- Achten Sie auf ausreichende Redepausen bei der computergestützten Präsentation. Wenn manche Redner schon mit dem normalen Overheadprojektor ein regelrechtes Folienfeuerwerk veranstalten konnten, ist diese Gefahr beim Computer noch viel größer. Man muss ja nur klicken, und schon kommt die nächste Zeile oder das nächste Chart angeflogen. Fünf bis zehn Textfolien oder Charts in der Minute kann kein Mensch verarbeiten, es bleibt nichts im Gedächtnis.

- Eine besondere Eigenschaft des Overheadprojektors bestand darin, dass man während der Präsentation mit einem Folienstift auf der Folie malen konnte. Man konnte Wichtiges unterstreichen, bewusst Ausgelassenes ergänzen oder spontane Ideen aufmalen. Alles das bieten die Laptopbildschirme mit Touchfunktion zusammen mit einem eigens entwickelten Programm auch. So waren die Autoren Zeugen, wie ein befreundeter Berater vor einem Publikum von ungefähr 100 Personen nur mit nüchternen Schwarz-Weiß-PowerPoint-Charts auftrat. Während er seine Geschichte erzählte, »malte« er mit einem besonderen Stift auf dem Laptopbildschirm und ergänzte so die nüchternen Charts um Kernaussagen, Beziehungen und Symbole. Diese Ergänzungen erschienen in Rot auf der Leinwand. Eine sorgfältig vorbereitete, professionell vorgetragene, eigenwillige und überzeugende Präsentation, die den Redner zum »Herrscher« über das Programm und die Charts machte und jedes »Klick – neue Folie – klick – neue Folie« vermied.

Videosequenzen

Videosequenzen wirken durch die bewegten Bilder sehr anschaulich. Dem Publikum ist dieses Medium natürlich sehr vertraut. Entsprechende Ansprüche haben die Teilnehmer an die Qualität der Produktion, speziell der Auflösung. Videosequenzen werden wie die anderen Visualisierungen auch über den Laptop und den Beamer präsentiert.

Eignungsmerkmale und Einsatzstärken

- Komplizierte Zusammenhänge, Prozesse und Entwicklungen können durch Bilder anschaulich dargestellt werden.
- Ein Film kann vorspielen, wie eine gewünschte Handlung aussehen kann. Die Teilnehmer bekommen eine anschauliche Vorstellung davon, was sie selbst in der Praxis tun sollen.
- Filmbeiträge können – wenn sie eigens für die Präsentation hergestellt werden – mit hohen Produktionskosten verbunden sein.
- Günstiger ist da das Internet, aus dem sich Filme und Filmsequenzen herunterladen lassen (auf mögliche Urheberrechte achten).

Besondere Handhabungshinweise

- Ein Film bildet im Rahmen einer Präsentation einen geschlossenen Block. Er wird die ganze Aufmerksamkeit des Publikums auf sich ziehen. Nach Beendigung des Films müssen Sie daher Ihr Publikum wieder »zurückholen«.
- Wenn Sie einen fremdproduzierten Film einsetzen, achten Sie darauf, dass der Inhalt mit Ihrem Präsentationsziel harmoniert, also nicht von Ihrem roten Faden wegführt.

Das Flipchart

Das Flipchart besteht aus einem Flipchartständer, auf dessen Auflagefläche das Flipchartpapier aufgehängt werden kann. Auf diesem Papier kann mit Filzstiften in breiter Strichstärke geschrieben werden.

Eignungsmerkmale und Einsatzstärken

- Für Präsentationen in kleineren Gruppen bis ungefähr 15 Teilnehmer geeignet.
- Visualisierungen können in Ruhe und mit Sorgfalt vor einer Präsentation erstellt werden.
- Visualisierungen auf dem Flipchart eignen sich besonders für
  – Kernaussagen,
  – wichtige Übersichten,
  – Inhaltsverzeichnisse,
  – Ablaufdarstellungen
  – das Mitschreiben von Teilnehmerbeiträgen und -fragen.
- Komplexe Gedanken können während einer Präsentation am Flipchart mit Symbolen und Stichworten entwickelt werden.
- Filzstifte erzeugen farbkräftige, kontrastreiche Darstellungen.
- Visualisierte Informationen bekommen eine hohe plakative Wirkung. Sie stehen für alle gut sichtbar in der Nähe der Teilnehmer.
- Die visualisierten Informationen können durch drehbuchartiges Vor- und Zurückblättern sofort wieder aktualisiert werden.
- Wichtige und während einer Präsentation häufig eingesetzte Darstellungen können auf dem Flipchartblatt an die Wand gehängt werden. Sie werden dadurch dauerhaft für alle sichtbar und lassen die Entwicklung von Inhalten erkennen.

Besondere Handhabungshinweise

- Die Lesbarkeit der Handschrift ist oberstes Gebot. Verwenden Sie liniertes Flipchartpapier und üben Sie das Schreiben auf diesen Blättern.
- Wenn Sie Texte auf- oder mitschreiben, arbeiten Sie mit Stichworten oder knappen Sätzen.
- Setzen Sie unterschiedliche Farben ein.
- Sie können sich mit Bleistift auf dem Rand der Blätter Notizen machen, die Ihnen das »spontane« Entwickeln von Visualisierungen während der Prä-

sentation erleichtern. Diese Bleistiftnotizen sind in einiger Entfernung vom Publikum nicht mehr zu sehen. Es schadet Ihnen aber auch nicht, wenn das Publikum weiß, dass Sie sich besonders vorbereitet haben!

● Gestalten Sie Zeichnungen so einfach wie möglich. So brauchen Sie kein großer Künstler zu sein und erzielen doch ausreichend Wirkung durch wenige Details.

● Der aus unserer Erfahrung vielleicht wichtigste Tipp im Umgang mit dem Flipchart: Streichen Sie den Satz »Ich kann nicht malen« aus Ihrem persönlichen Wertesystem, und fangen Sie möglichst früh an, in Besprechungen oder in kleinen Präsentationen Ideen zu skizzieren, Zusammenhänge zu visualisieren, Strukturen aufzuzeigen und deren Entwicklung in einer anderen Farbe zu übermalen, über die dann vielleicht eine Vision in Rot kommt. Das Ergebnis dürfte auf den ersten Blick etwas chaotisch wirken. Ihr Chef oder Kunde wird im Zweifelsfall sagen: »Das Blatt lassen Sie mir doch aber da, oder?«

Auch wenn viele Laptopnutzer das Flipchart schon abgeschrieben haben, so wird es nach wie vor eifrig genutzt. Das gilt natürlich vor allem in moderierten Workshops, aber auch bei Präsentationen. Beispielsweise in einem Assessmentcenter, in dem leitende Mitarbeiter aufgefordert werden, ihre beruflichen Visionen in einer kurzen Präsentation mithilfe des Flipcharts darzustellen. Und immer wieder am Rande von Besprechungen, bei denen jemand aufsteht, um beispielsweise den anwesenden Kunden »einmal kurz« die Funktionsweise der geplanten Produktverbesserung oder den Ablauf eines neuen Prozesses zu präsentieren. Gekonnt eingesetzt, bildet das Flipchart in derartigen Situationen das Medium der Wahl.

Die Pinnwand

Bei Pinnwänden, auch Stecktafeln genannt, handelt es sich um Weichfaserplatten im Format von circa 120 × 140 cm, die auf eigenen Gestellen stehen oder an einer Wand angebracht sind. Zum Schutz der Platten vor Bemalung werden sie mit Papierbögen bespannt, auf die auch geschrieben werden kann. Auf den Pinnwänden können mit Nadeln Karten in verschiedenen Formaten und Farben angeheftet -- angepinnt – werden. Die Pinnwand ist nach wie vor das Medium einer moderierten Arbeitssitzung (s. S. 180) und kann ebenso in Präsentationen eingesetzt werden.

Eignungsmerkmale und Einsatzstärken

- Für Präsentationen vor kleineren Gruppen bis etwa 15 Teilnehmer geeignet.
- Die Pinnwand eignet sich besonders für das schrittweise Abbilden und Entwickeln beispielsweise von Ideen, Strukturen oder Abläufen. Die Wirkung besteht darin, dass Darstellungen vor den Augen des Publikums durch das schrittweise Anheften vorbereiteter Kartonkarten mitwachsen.
- Folgt der Präsentation eine gemeinsame Arbeitsphase, beispielsweise die Sammlung von Ideen zu dargestellten Problemen sowie deren Strukturierung und Bewertung, so kann an der Pinnwand eine Ideensammlung mit Karten und deren Weiterverarbeitung vorgenommen werden.
- Über die unterschiedlichen Formate (Kreise, Ellipsen, Rechtecke) und Farben lassen sich Zusammenhänge, Abhängigkeiten sowie komplexe Strukturen anschaulich darstellen.
- Pinnwand-Entwicklungen sind leicht veränderbar durch das Einfügen, Wegnehmen oder Neupositionieren von Karten an jeder beliebigen Stelle.
- Die Darstellungsfläche lässt sich durch das Nebeneinanderstellen mehrerer Pinnwände vergrößern.
- Klappbare Pinnwände mit abnehmbarem Gestell sind transportfähig und mobil einsetzbar.

Besondere Handhabungshinweise

- Großflächige Darstellungen mit vielen Karten sollten vorher ausgemessen werden. Die Positionen der einzelnen Karten können auf der Papierunterlage mit Bleistift gekennzeichnet werden.
- Achten Sie darauf, dass Karten gleicher Formate und Farben auch gleichen Sinn ausdrücken.
- Schreiben Sie auf den Karten möglichst groß, also maximal drei Zeilen pro Karte.
- Der sichere Umgang mit den Karten und das Anheften mithilfe der Stecknadeln sollte vorher geübt werden – nicht nur, damit die Finger vor Verletzungen sicher sind.

- Bleiben Sie nicht vor der Pinnwand stehen, wenn Sie eine Karte angeheftet haben. Machen Sie immer wieder die Sicht auf die Visualisierung frei. Sie müssen sich also im Umgang mit der Pinnwand etwas mehr bewegen als bei anderen Medien.

Der Overheadprojektor (OHP)

Es gibt sie noch, gelegentlich jedenfalls, die belichteten Glasplatten des Arbeitsprojektors oder Tageslichtprojektors, wie das Gerät auch genannt wird. Auf diese Glasplatten haben Generationen von Präsentierenden beschriftete Durchsichtfolien (OHP-Folien, Transparentfolien) gelegt und auf eine Leinwand projiziert. Eine Raumverdunklung ist häufig nicht notwendig. Der Overheadprojektor kann dann plötzlich zum Einsatz kommen, wenn der Laptop oder der Beamer unerwartet ausfallen, aber der kluge Präsentator sich für eine besonders wichtige Präsentation die PowerPoint-Charts zuvor auf Transparentfolie ausgedruckt hat!

Eignungsmerkmale und Einsatzstärken

- Für Präsentationen auch vor größerem Publikum einsetzbar, wenn die Lichtstärke, Folienqualität und die Größe der Projektionsfläche stimmen.
- Die Visualisierungen können schnell und flexibel eingesetzt werden. Durch das Übereinanderlegen von mehreren Folien konstruieren Sie komplexe Darstellungen. Umgekehrt vereinfachen Sie Zusammenhänge, indem Sie einzelne Folien wieder wegnehmen.
- Die Folien können professionell gestaltet, farbig beschrieben, bedruckt oder kopiert werden. Sie lassen sich aber auch schnell und einfach mit der Hand schreiben oder zeichnen.
- Die Folien lassen sich leicht auf Papier kopieren und für das Protokoll oder als Unterlage verwenden.
- Die fertig erstellten Folien können als Stichwortmanuskript für die Präsentation verwendet werden.
- In einer Schutzhülle können die Folien fast beliebig oft wiederverwendet werden. Die Schutzfolie ermöglicht es Ihnen zudem, während der Präsentation ergänzende »Live-Beschriftungen« mit dem Folienstift handschriftlich hinzuzufügen, ohne die Folie selbst zu beschreiben.

Besondere Handhabungshinweise

- Halten Sie beim Präsentieren von Folien möglichst viel Blickkontakt mit Ihrem Publikum. Sprechen Sie auf jeden Fall zu den Anwesenden, nicht zur Leinwand.
- Schalten Sie den Projektor aus oder decken Sie ihn ab, wenn Sie etwas länger an einem anderen Medium arbeiten oder für ein paar Minuten keine Visualisierung mehr zeigen. Sie stellen damit sicher, dass die Aufmerksamkeit der Zuhörer Ihnen gilt und nicht der hell angestrahlten Leinwand hinter Ihnen.
- Wenn Sie 24 Folien in der Sekunde auflegen, zeigen Sie einen Film. Überfordern Sie Ihr Publikum nicht. Unsere Empfehlung: So wenig Folien wie möglich, nur so viele wie nötig. Faustformel: maximal eine Folie pro zwei Minuten Präsentation.
- Führen Sie Ihr Publikum durch die Visualisierung auf der Folie, indem Sie beispielsweise einen spitzen Stift auf die Folie legen. So markieren Sie die Stellen, über die Sie in dem Augenblick auch reden. Sie können auch mit einem Zeigestock an der Leinwand arbeiten, wenn der Raum dies erfordert. Bei Großprojektionen können Sie einen »Laserpointer« benutzen. Aber dessen Einsatz will geübt sein!
- Kontrollieren Sie die Abbildungsschärfe auf der Projektionswand, und stellen Sie den Projektor vor der Präsentation scharf. Da sich die Scharfstellung besonders bei älteren Geräten im Laufe einer Präsentation verändern kann, müssen Sie diesen Kontrollblick gelegentlich wiederholen.
- Nummerieren Sie Ihre Folien. So finden Sie in der Diskussion auch schnell jede Visualisierung, über die gerade diskutiert wird.
- Machen Sie sich auf Ihrem Präsentationstisch genügend Platz, um die noch zu zeigenden und die schon gezeigten Folien geordnet abzulegen. Auch dies erleichtert die Suche nach einer bestimmten Folie.

Die Schreibtafel, das Whiteboard

Jede Leserin und jeder Leser dürfte die alte Schiefertafel und die Kreidestifte noch aus der Schulzeit kennen. Das moderne – und in vielen Konferenzräumen fest installierte – Nachfolgemodell heißt *Whiteboard.* Es ist eine weiße Kunststofftafel, die mit speziellen Filzstiften *(Boardmarker)* beschrieben werden kann. Die Schrift lässt sich mit einem trockenen Schwamm leicht abwischen. Es gibt *Whiteboards*, die scannen den geschriebenen Text und drucken eine DIN-A4-Kopie auf Papier aus. Das erleichtert die Dokumentation und Weiterverwendung der Ergebnisse.

Eignungsmerkmale und Einsatzstärken

- Die Tafeln sind für Präsentationen vor kleineren Gruppen bis ungefähr 20 Personen einsetzbar.
- Die große, gut sichtbare Fläche nimmt Informationen für eine begrenzte Dauer auf. So eignen sich die Tafeln für die begleitende Unterstützung einer Präsentation.
- Besonders auf den Whiteboards lässt sich leicht schreiben. Aber Vorsicht: Diese Leichtigkeit verführt zu schnellem Schreiben mit dem Ergebnis einer schwer zu lesenden Handschrift.

Besondere Handhabungshinweise

- Achten Sie auf ausreichenden Kontrast bei grünen oder schwarzen Tafeln. Verwenden Sie weiße oder gelbe Kreide.
- Vergessen Sie das Schriftbild der meisten Ihrer Lehrerinnen und Lehrer aus der Schulzeit. Diese haben nie gelernt, wie man auf großen Flächen schreibt. Schreiben Sie auf der Tafel in der gleichen Schrift wie auch auf dem Flipchart: nüchterne Druckbuchstaben, groß und für alle gut lesbar, mit wenigen Ober- und Unterlängen.

Exkurs: Anmerkungen zur kontroversen Diskussion über PowerPoint

In den letzten Jahren hat sich das Programm PowerPoint zunehmend zum Maß aller Präsentationen entwickelt. In vielen Unternehmen wird als Präsentation selbstverständlich eine PowerPoint-Präsentation erwartet – und so werden täglich Millionen von Charts gestaltet, an die Wand geworfen und dann erläutert, abgelesen oder auch als Vorlage für eine lebendige Schilderung eines wichtigen Themas genutzt.

Die Verwendung dieses Programms, ja sogar das Programm selbst, findet jedoch nicht nur ungeteilte Begeisterung, sondern auch harsche Kritik. So schreibt Josef Joffe am 26. Juli 2007 in der ZEIT:

»Der geistig-kulturelle Untergang nicht nur Deutschlands, sondern des gesamten Abendlandes wird implementiert, wenn nicht gar verwirklicht durch PowerPoint, das mehr ist als nur ein Folien- und Präsentationsprogramm. PP ist die Verengung des Geistes und der Sprache, der Kulturimperialismus schlechthin, der, obzwar keiner Regierung untertan, eine ganze Sprachfamilie zwischen Paris und Peking gezeugt hat. Nennen wir sie in Anlehnung an Orwell ›Business- und Marketing-Sprech‹. PP wird an die Wand geworfen. Folglich müssen die Buchstaben groß sein, folglich bleiben pro Slide (›Bild‹) nicht mehr als 6, 8 Zeilen. Die sind reserviert für Bullet Points – kurze, knappe Statements (›Sätze‹). Gut so, denkt sich der abendländisch geschulte Mensch: Da muss der Autor sich auf das Wesentliche beschränken und prägnant formulieren. Tut er aber nicht, sondern produziert generische Sätze, die zu allem passen und nichts sagen. … Es fehlt alles, was gute Kommunikation (›Verständigung‹) ausmacht. Gedanken werden zerhackt, die Beziehungen zwischen ihnen eliminiert (›beseitigt‹). Was ist wichtig, was kommt vorher, was nachher? Vorgegaukelt durch die rigorose Struktur wird geordnetes Denken; tatsächlich werden Kausalitäten und Prämissen plattgemacht, wird der Zuhörer manipuliert. Die Aufzählung ersetzt das Narrativ (früher: ›Erzählung‹).«

»Bullet outlines can make us stupid«, zitiert Joffe den emeritierten amerikanischen Yale-Professor Edward R. Tufte. Dieser hat 2003 in einer kleinen Schrift »The Cognitive Style of PowerPoint« analysiert (siehe kommentierte Literaturliste, s. S. 197 f.) und kommt zu dem gleichen Ergebnis wie Josef Joffe und sicherlich Tausende Teilnehmer langweiliger Präsentationen auch: Viele PowerPoint-Präsentationen bestehen aus viel zu vielen Textfolien mit jeweils wenig Stichworten neben dicken Bullet-Points. Diese sind meistens abstrakt formuliert, damit beliebig austauschbar. Das Aneinanderreihen von Schlagworten lässt jegliche Beziehungen, Entwicklungen und Zusammenhänge außer Acht. Es gibt nur noch Aufzählungen, keine Geschichten mehr. Der Informationsgehalt ist außerordentlich gering: »The rate of information transfer is asymptotically approaching zero.«

Nachdem auch die deutschsprachige Presse viel über Tuftes Kritik berichtet hatte, gingen natürlich die Fans und Vertreter von PowerPoint in die Offensive. Sie machten deutlich, dass es sich bei dem Programm lediglich um ein leistungsstarkes Handwerkszeug handelt. Und dieses könne doch nicht dafür verantwortlich gemacht werden, wenn einige Anwender damit immer nur schlechte und langweilige Präsentationen erstellen würden. Dem würde Edward Tufte jedoch nur bedingt zustimmen. Auch er hält PowerPoint für ein gutes Produkt: »PowerPoint is a competent slide manager and projector for low-resolutions materials.« Aber anders als die uneingeschränkten Befürworter behauptet er, dass die dem Programm innewohnende Logik das Erstellen von aussagearmen Folien begünstigt: »PP has a distinctive, definite, well-enforced, and widely-practiced cognitive style that is contrary to serious thinking. PP actively facilitates the making of lightweight presentations.«

Und jetzt? Wir erleben in der Praxis viele PowerPoint-Präsentationen mit ausgesprochen dünnen Textcharts: wenige Zeilen, nur Stichworte, abstrakte Begriffe ohne jeglichen Zusammenhang, keine Kausalitäten, keine Entwicklung; einfach nur Bullet Points. Der Grund dafür? Viele Präsentierende haben (noch) nicht gelernt, welche Funktion ein Chart oder überhaupt eine Visualisierung in ihrer Präsentation haben sollte. Ihnen fehlen einfach das Wissen und die Erfahrung, anspruchsvolle und aussagekräftige Charts zu gestalten. Wenn sie Pech haben, gibt es in ihrer Umgebung auch keine Vorbilder, an denen sie sich orientieren könnten. Das alles kann man natürlich lernen. Leicht gesagt. Viele Präsentierende präsentieren einmal, manchmal auch zweimal oder vielleicht sogar dreimal im Jahr. Sie sind Sachbearbeiter, die über die Auswirkungen eines Verbesserungsvorschlages berichten sollen. Sie sind Ingenieure, die einen Projektzwischenstand präsentieren müssen. Sie sind Logistiker, die über die Folgen einer neuen Transportkette informieren wollen. Alle werden sie wahrscheinlich PowerPoint benutzen, jedoch kaum Zeit finden, sich in die Feinheiten des Programms einzuarbeiten. So wird es das werden, was Power-Point anbietet: ein Textchart mit wenigen Zeilen und Stichworten. Wie gehabt also. Damit ist auch Tufte zuzustimmen: Es ist die Art, wie PowerPoint Präsentationsvorlagen anbietet, die die Textlastigkeit von Folien bevorzugt.

»Die Leute müssten sich nur richtig mit PowerPoint beschäftigen, dann kämen schon super Präsentationen heraus«, so der Hinweis eines befreundeten Tüftlers. Recht hat er, der Mann. Nur, lohnt der Aufwand für ein bis zwei Präsentationen im Jahr? Und muss man alles kennen, was PowerPoint bietet? Viel davon ist für professionelle Designer von großem Nutzen. Für den täglichen Gebrauch könnte man leicht auf 80 Prozent der Features verzichten, es würde an der gängigen Präsentationspraxis nichts ändern. 80 Prozent – ist das denn nun doch nicht etwas übertrieben? Es gibt Präsentierende, die würden die Zahl sogar noch weiter nach oben korrigieren. Und dann gibt es ja noch die Updates, die berühmten: »Man kann jetzt leichter…«, »Mit einem Klick weniger können Sie …« Der arme Mitarbeiter, der einmal im Jahr präsentieren muss und PowerPoint bisher nicht zu seiner alleinigen Freizeitbeschäftigung gemacht hat!

Und die, die sich auskennen, die Laptopprofis und PowerPoint-Spezialisten? Bei ihnen ist es häufig der immense Zeitdruck, unter dem Präsentationen fertiggestellt werden müssen, der dazu führt, dass auf alte Textfolien, Vorlagen und immer wieder dieselben Bilder und Bildchen zurückgegriffen wird. Besser sind da diejenigen dran, die von einer kompetenten Marketing- oder Werbeabteilung mit kreativen Fotos und Ideen unterstützt werden.

Kann man bei alldem schon vom »geistig-kulturellen Untergang nicht nur Deutschlands, sondern des gesamten Abendlandes« sprechen, wie das in der ZEIT zu lesen war? Schwer zu sagen. Aber nachdenklich sollte die Kritik an PowerPoint schon machen. Schnell geraten auch die Autoren selbst in das Texten von Allerweltsstichworten, die auf einem Chart für alles oder nichts stehen können und im schlechtesten/besten Fall vom Zuhörer hinterfragt werden: »Was wollen Sie uns eigentlich genau sagen?« Die Konsequenzen? Zuerst wieder Edward Tufte, der vor allem vor PowerPoint-Entwurfsvorlagen und Auto-Assistenten warnt: »Never use PP templates for arraying words or numbers. Avoid elaborate hierarchies of bullet lists. Never read aloud from slides. Never use PP templates to format paper reports or webscreens. Use PP as a projector for showing low-resolution color images, graphics, and videos that cannot be reproduced as printed handouts at a presentation.«

Unsere Empfehlungen finden Sie über das ganze Buch verteilt. Und konkret zur PowerPoint-Debatte? Vielleicht so viel:

1. Eine Präsentation ist nicht gleichzeitig immer eine PowerPoint-Präsentation. Es gibt Präsentationen, die ganz ohne Stromanschluss gehalten werden und das Publikum begeistern und mitreißen; *unplugged* nennt man das in der Musikwelt. Nach fünf PowerPoint-Präsentationen bleibt die im Gedächtnis, die anders ist.

2. PowerPoint-Präsentationen sollten mit so wenig Textfolien wie nur möglich auskommen. Vor allem auf das bloße Auflisten von Stichworten sollte – wo immer dies möglich ist – verzichtet werden.

3. PowerPoint-Charts sollten Bilder zeigen, Fotos von Produkten, technischen Einzelheiten oder kleine Videosequenzen, die die Funktionsweise einer Konstruktion zeigen. Über diese Visualisierungen kann der Präsentierende ins Schwärmen geraten. Das überzeugt, nicht jedoch die immer gleichen Glanzfotos von dynamischen, engagierten und hoch motivierten Menschen, die die Agenturen weltweit anbieten und die sich in Broschüren, Präsentationen und auch vielfältigen Buchdeckeln wiederfinden.

4. PowerPoint-Charts sollen Grafiken abbilden, Organisationsstrukturen, Prozesse und Schaubilder. Sie sollen komplexe Zusammenhänge vorstellen, die der oder die Präsentierende kenntnisreich erläutert.

5. Im Mittelpunkt einer Präsentation stehen immer das Publikum, dessen Interessen, Bedürfnisse, Nutzen, sowie der Präsentierende und seine Ziele, die er mit der Präsentation erreichen möchte. Dann gibt es noch ein Thema, sorgfältig ausgewählte Kernaussagen und weitere Inhalte sowie einen gut überlegten Aufbau der Geschichte, die erzählt werden soll. Und dann, aber wirklich erst dann, kommen die Visualisierungen und ihre Vermittlung. In diesem Zusammenhang hat auch PowerPoint eine wichtige Funktion.

So könnte es gehen.

Vorbereitung IV: Daran sollten Sie auch noch denken

- Hilfsmittel erlaubt – das Präsentationsmanuskript
- Das schriftliche Material für die Teilnehmer
- Präsentationsraum, Technik und mehr
- Die Zeitplanung der vollständigen Präsentation
- Die Nachbereitung der Präsentationsveranstaltung

Hilfsmittel erlaubt –
das Präsentationsmanuskript

? Leitfrage: Wie gestalten Sie Ihr Manuskript, damit es Sie sicher durch die Präsentation begleitet?

Die freie Rede, also das Vortragen ganz ohne Hilfsmittel, mag für manche Menschen das Maß aller Dinge darstellen – wir empfehlen es nicht. Mit Ihrer Präsentation wollen Sie vor allem andere Menschen ansprechen, Sie wollen Ihr Ziel erreichen und keinen auswendig gelernten Text rezitieren. Sie wollen natürlich wirken, Ihre eigenen Geschichten erzählen und nicht vorgeschriebene Sätze wortwörtlich ablesen. Damit Ihnen dabei jedoch nicht die Worte ausbleiben, nutzen Sie sämtliche Hilfsmittel, um inhaltlich sattelfest zu wirken – arbeiten Sie mit einem Manuskript.

Als Manuskript können Ihnen dienen:

- die Papierkopien Ihrer PowerPoint-Charts, vielleicht noch um wichtige handschriftliche Anmerkungen ergänzt, oder auch die am Laptop erstellte Notizseite bei PowerPoint;
- der Laptopbildschirm, auf den Sie gelegentlich (!) schauen, um Stichworte für die weiteren Ausführungen aufzugreifen;
- die auf die Leinwand projizierten Visualisierungen, zu denen Sie hin und wieder (!) schauen und auf die Sie zeigen, um den Zuhörern beispielsweise eine technische Neuerung zu erläutern;
- die Seiten eines vorbereiteten Flipcharts oder Plakats, auf dem Sie sämtliche Stichworte finden, um Ihre Thesen darzustellen;
- die eigens erstellten Karteikarten mit mehr oder weniger ausformulierten Stichworten und Regieanweisungen.

Angesichts so vieler Hilfsmittel kann Ihnen gar kein Inhalt mehr abhanden kommen. Und wenn, dann blättern Sie auf dem Laptop, sortieren Ihre Kopien oder Karteikarten neu und machen einfach weiter. Und das Publikum? Das Publikum verlangt keine freie Rede! Und es sieht anhand der vorbereiteten Karteikarten in Ihren Händen, dass Sie sich sorgfältig vorbereitet haben, und erlebt dies als besondere Wertschätzung sich gegenüber. Also nutzen Sie Ihr Manuskript offen und ohne Scheu. Zudem garantiert es Ihnen,

- dass Sie sich hinsichtlich Ihrer Inhalte sicher fühlen;
- dass Sie im Bedarfsfall stets den roten Faden vor Augen haben;
- dass Sie sich stets mit einem kurzen Blick auf Ihr Manuskript die benötigten Informationen ins Gedächtnis rufen können.

Wir empfehlen das Arbeiten mit einem Stichwortmanuskript. Die Vorteile dabei sind:

- Sie können Ihr Publikum anschauen und treten in direkten Kontakt zu Ihren Teilnehmerinnen und Teilnehmern. Ihre Präsentation wirkt dadurch lebendig und natürlich.
- Die Stichworte geben Ihnen kontinuierliche Hinweise/Informationen, die Sie dann mit Ihren eigenen Worten umschreiben, erläutern oder mit Beispielen versehen.

Gelegentlich ist es sehr zu empfehlen, die ersten Sätze der Einleitung, die Zusammenfassung sowie den Schlussappell schriftlich auszuformulieren. So können Sie selbst in hektischen Situationen sicher sein, zu Beginn und am Schluss Ihres Auftritts die richtigen Worte zu finden, egal, wie nervös Sie vielleicht gerade sind.

Als Stichwortmanuskript können Sie normales DIN-A4-Papier oder Karteikarten jeglicher Größe verwenden. DIN-A4-Papier sollten Sie allerdings während der Präsentation nicht permanent in den Händen halten, sondern beispielsweise neben dem Laptop ablegen. Es behindert in der Regel Ihre Gestik. Sie können bei PowerPoint Ihre Notizen in möglichst großer Schrift in die Notizseiten (Ansicht »Notizseiten«) zu den jeweiligen Folien schreiben und ausgedruckt als Manuskript nutzen.

Wir persönlich empfehlen als Manuskript Karteikarten der Größe DIN A5, wenn Sie mit dem Stichwortmanuskript in der Hand präsentieren wollen oder müssen:

- Sie sind fest und handlich, außerdem rascheln sie nicht so wie dünne DIN-A4-Blätter.
- Sie verdecken nur wenig von Ihrer Person und lenken das Publikum nicht ab.
- Sie zwingen zu stichwortartigen Notizen.
- Sie sind in vielen Farben einsetzbar – beispielsweise weiße Karten für Ihre Muss-Inhalte und gelbe Karten für Inhalte, auf die Sie aus Zeitgründen auch leicht verzichten können.

Grundsätzlich empfehlen wir für das Anfertigen Ihres Manuskripts:

- Beschriften Sie die Blätter/Karten nur einseitig.
- Schreiben Sie gut lesbar, also so groß, dass Sie Ihre Schrift auch in einer Entfernung von etwa einem Meter noch sicher erfassen können.
- Nummerieren Sie die einzelnen Blätter/Karten (für den Fall, dass sie einmal zu Boden fallen).
- Benutzen Sie bei der Beschriftung Farben. Geben Sie den einzelnen Farben eine bestimmte Bedeutung, beispielsweise:
  - Rot für Überschriften, Hervorhebungen, Kernaussagen;
  - Blau für rhetorische Hinweise (»… lauter sprechen«, »Zeit zum Nachdenken geben«);
  - Grün für Ihre »Regieanweisungen« beim Einsatz von Medien (»3 Sek.« für »Chart drei Sekunden unkommentiert wirken lassen«; »Folie 11 ankündigen, Thema: Kosten der Kampagne«; »Flip ⌒ Wand« für »Flipchart nach dem Erklären an die Wand hängen«).
- Wenn Sie einen Ausdruck Ihrer Charts oder Folien als Manuskript nutzen, achten Sie darauf, dass diese Visualisierungen sämtliche Informationen enthalten, die Sie als Stichworte für die Ausführung Ihrer Gedanken brauchen. Machen Sie sich gegebenenfalls zusätzliche Notizen.

Natürlich können Sie in Ihrer Präsentation die verschiedenen Manuskriptformen mischen: Viele Präsentierende arbeiten während der Einleitung in die Präsentation und während des Schlussteils mit eigenhändig geschriebenen Karteikarten und greifen im Hauptteil auf den Laptopbildschirm oder die Abbildung auf der Leinwand zurück. Wie immer Sie vorgehen, sorgen Sie dafür, dass Ihre Notizen Sie optimal unterstützen.

Das vollständig ausformulierte Manuskript

Die bisherigen Ausführungen haben deutlich werden lassen, dass wir von der Verwendung des vollständig formulierten Manuskripts abraten. Das Ablesen vorformulierter Texte wirkt häufig steif und förmlich. Gerichtsurteile, bei denen es um die korrekte Formulierung ankommt, werden daher verlesen und nicht mit eigenen Worten präsentiert. Zudem wirkt ein vorformulierter Text, so elegant er auch verfasst sein mag, wie eine Lesung, ein Vortrag und nicht wie eine lebendige Erzählung oder eine begeisterte Werbung für die eigenen Gedanken oder das eigene Produkt.

Nun kann es jedoch Situationen geben, in denen Sie für Ihre Präsentation ein vollständig formuliertes Manuskript benutzen wollen – vor allem dann, wenn Sie sich absolut unsicher fühlen, eine außerordentlich wichtige Präsentation mit dem Stichwortmanuskript durchführen zu können, oder wenn Sie in einer fremden Sprache präsentieren.

Für diesen Fall sollten Sie einige *Empfehlungen* beachten, die versuchen, die Nachteile des vollständig ausformulierten Manuskripts aufzufangen:

- Formulieren Sie Ihr Manuskript möglichst in der Sprache, in der Sie sprechen. Benutzen Sie dazu kurze Sätze, bestehend aus einem Haupt- und einem Nebensatz. Verwenden Sie möglichst viele Tätigkeitswörter.
- Lesen Sie Ihr Manuskript laut vor (vor Freunden, Freundinnen oder auf eine Kassette, auf Video) und ändern Sie anschließend die Formulierungen, die Ihnen oder den anderen nicht gefallen.
- Schreiben oder drucken Sie Ihren Text einseitig auf Karteikarten oder auf DIN-A4-Blätter.
- Schreiben Sie Ihren Text so, wie Sie ein Stichwortmanuskript gestalten würden: Lassen Sie viel Raum zwischen den einzelnen Abschnitten. Schreiben Sie mit möglichst großer Schrift. Gliedern Sie den Text, indem Sie beispielsweise die Kernaussagen in einem eigenen Abschnitt platzieren.
- Markieren Sie sich die Stellen im Text, bei denen Sie eine kurze (drei bis fünf Sekunden) *Lufthol-* (für Sie) und *Nachdenkpause* (für Ihr Publikum) machen wollen.
- Markieren Sie über den ganzen Text hinweg die zentralen Stichworte der einzelnen Passagen (oder fett mit größerer Schriftgröße drucken), sodass Sie Ihr ausformuliertes Manuskript im besten Fall auch als Stichwortmanuskript nutzen können und den Kontakt zum Publikum entsprechend intensivieren.

● Nutzen Sie wie bei einem Stichwortmanuskript unterschiedliche Farben, um Hervorhebungen oder Ihre eigenen Präsentationsanweisungen zu kennzeichnen.

Diese Empfehlungen versuchen, das vollständig ausformulierte Manuskript an das Stichwortm anuskript anzupassen. Dadurch soll es zum einen seine besondere Funktion erfüllen und Ihnen die Sicherheit eines ausformulierten Textes geben. Zum anderen bietet Ihnen die vorgeschlagene Form die Chance, möglichst natürlich zu wirken und möglichst engen Kontakt zu Ihrem Publikum herzustellen.

Das schriftliche Material für die Teilnehmer

? Leitfrage: Wie gestalten Sie die Unterlagen, die Ihr Publikum begleitend zur Präsentation bekommt? Wann geben Sie das Material aus, zu Beginn oder am Ende der Präsentation?

Für jede Präsentation stellt sich die Frage nach einer Teilnehmerunterlage. In einigen Unternehmen und Institutionen ist es üblich, begleitend zur Präsentation ein sogenanntes Handout auszugeben. In vielen Fällen aber bleibt es Ihnen selbst überlassen, ob Sie Material verteilen und zu welchem Zeitpunkt Sie dies tun.

Die Ausgabe von schriftlichem Material vor oder während einer Präsentation

Es kann mehrere Gründe geben, Unterlagen schon vor Beginn oder während der Präsentation auszuteilen:

● Gelegentlich bestehen die Auftraggeber darauf, sie möchten etwas in Händen halten, während sie zuhören.
● Es werden komplexe und anspruchsvolle Zusammenhänge präsentiert. Die Teilnehmer bekommen einige der in der Präsentation gezeigten Visualisierungen als Papierausdruck und haben so die Möglichkeit, sich Notizen zum sicheren Verständnis zu machen.
● Gelegentlich lassen sich Visualisierungen so gestalten, dass die Teilnehmer während der Präsentation eigene Ergänzungen und Kommentare einfügen müssen. So bringt man sie dazu, selbst an den Inhalten zu arbeiten, vor allem dann, wenn die Präsentation primär Wissensvermittlung zum Ziel hat oder Teil einer Schulung ist.

Damit hilft das vorher ausgegebene Material, das inhaltliche Verständnis gezielt zu unterstützen.

Ein *Nachteil* bei der Materialausgabe vor beziehungsweise während der Präsentation besteht darin, dass die Teilnehmer in den Unterlagen blättern und dadurch Ihren Ausführungen nicht mehr ungeteilte Aufmerksamkeit schenken. In der Praxis erleben wir, dass das Material für die Teilnehmer meistens nach der Veranstaltung ausgegeben wird.

Die Ausgabe von schriftlichem Material nach der Präsentation

Im Anschluss an Ihre Präsentation haben Sie die Möglichkeit, den Anwesenden etwas mit nach Hause zu geben. Sie können die Unterlagen aber ebenso in zeitlichem Abstand an die Teilnehmer verschicken. In beiden Fällen haben Sie die Chance, durch Ihre Unterlagen nachzuwirken. Sie sind also Teil der Nachbereitung Ihrer Präsentation. Das bedeutet, dass Sie sich genau überlegen müssen, was Sie mit diesen Unterlagen erreichen wollen und wie viel Aufwand und Kosten Sie in die Erstellung stecken wollen:

● Die Unterlagen können der Nachbereitung der Präsentation dienen. Was vielleicht nicht genau verstanden wurde, kann später in Ruhe nachgelesen werden.
● Die Unterlagen können zusätzliche Informationen zu Ihnen, Ihrem Unternehmen oder Produkt enthalten und somit zusätzlich als Werbeträger fungieren.

Was immer Sie mit Ihren Unterlagen erreichen wollen – das wichtigste Kriterium ist die Frage: »Wie müssen die Unterlagen aufgebaut und gestaltet sein, damit sie von den Teilnehmerinnen und Teilnehmern im Anschluss an die Präsentationsveranstaltung auch gelesen werden?«
Einige Empfehlungen dazu:

● Die Unterlagen müssen in direktem Bezug zu Ihrer Präsentation stehen. Die Beziehung, die Ihre Teilnehmerinnen und Teilnehmer zu Ihnen und Ihren Inhalten hergestellt haben, sollte durch die Unterlagen weiter gefördert werden.
● Auch für diese Unterlagen gilt: Weniger ist mehr. Versuchen Sie, im Umfang möglichst begrenzte Unterlagen zu erstellen. Sie erhöhen damit die Chance, dass sie gelesen werden.

- Veröffentlichen Sie kein vollständig ausformuliertes Präsentationsmanuskript, denn die Leser kennen Ihre Präsentation bereits. Es genügt völlig, die wichtigsten Kernaussagen und Hintergrundinformationen stichwortartig auf *wenigen* Seiten zu skizzieren.
- Bilden Sie die wichtigsten Visualisierungen in den Unterlagen ab. Daran erinnern sich die Teilnehmer am leichtesten. Für den Fall, dass Sie sämtliche verwendeten Präsentationsfolien als Unterlage weitergeben möchten: Vergessen Sie dabei jedoch nicht das Deckblatt mit Thema, Inhalten, Angaben zur Person oder zum Unternehmen.
- Verteilen oder verschicken Sie nur gut und ansprechend gestaltete Unterlagen. Das schriftliche Material, das Sie verteilen, ist Ihr Produkt, eine Visitenkarte Ihrer Präsentation, und die sollte für Sie, keinesfalls gegen Sie sprechen.

Die Technik macht es möglich! Durch den rasanten Fortschritt der Technik hat es sich bei so manchen Präsentationen eingebürgert, dass die Teilnehmer den Präsentationsraum mit einer dicken Mappe verlassen. In dieser finden sie eine Kopie sämtlicher Folien, zudem noch eine CD mit denselben Folien, zudem noch eine Foto-CD für mögliche Veröffentlichungen, zudem noch alle möglichen Hochglanzprospekte des Unternehmens und diverser Sponsoren und und und. Es kostet ja nicht viel …

Gehen Sie davon aus, liebe Leserin und lieber Leser, dass die meisten dieser dick gefüllten Mappen im Müll verschwinden oder ungenutzt in irgendwelchen Schränken zwischengelagert werden, bevor sie dann später entsorgt werden. Warum dann nicht nur eine CD mit den wichtigsten Charts oder eine einfache Mappe, die auf zwei Seiten die Kernthesen der Präsentation sowie die Visitenkarte des Präsentierenden enthält.

Nicht immer drücken kiloschwere Pakete gleichzeitig eine Wertschätzung dem Publikum gegenüber aus. Gehen Sie davon aus: Informationen bekommen Ihre Teilnehmer in der Regel mehr als genug. Ihre kreative Leistung besteht darin, das Material zu verteilen, das einen Aha-Effekt auslöst. Und da ist weniger wirklich mehr.

Checkliste für die Vorbereitung Ihrer nächsten Präsentation

	Sehr sinnvoll	Nicht so der Renner
Die Unterlagen vor der Präsentation austeilen		
Die Unterlagen erst nach der Präsentation austeilen		
Die Unterlagen mit »Werbeergänzungen« erst nach einigen Tagen verschicken		
Kopie sämtlicher Folien ausgeben		
Kopie sämtlicher Folien mit Textergänzungen ausgeben		
Folien auf CD ausgeben		
Nur die Kernthesen kurz und knapp aufbereiten und ausgeben		
Elektronisch zusenden		
Per Post versenden		
Möglichkeit einrichten, die Präsentation über das Internet abrufen zu lassen		
Bei Versand per E-Mail: Sicherheitslevel ausgehändigter Unterlagen? Unverschlüsselt oder als kennwortgeschützter PDF-File		

Präsentationsraum, Technik und mehr

Unterschätzen Sie auf keinen Fall das »Drumherum« einer Präsentation. So manche Veranstaltung hat sich zu einem mittelgroßen Desaster entwickelt, weil eine Lüftung nicht funktioniert hat und keiner wusste, wie der Hausmeister zu erreichen war. Unser Tipp: Wenn Sie bei der Präsentation als Gast in Ihnen fremden Räumen auftreten, fühlen Sie sich stets ein wenig mitverantwortlich für Raum und Technik. Kommen Sie also gut eine Stunde vor Beginn der Veranstaltung in den Raum, machen Sie sich mit den Gegebenheiten vertraut und klären Sie alle offenen Fragen. Es beruhigt ungemein, zu wissen, dass alles sicher funktioniert. Wenn Sie auf die Raumauswahl Einfluss haben, nutzen Sie diese Möglichkeit, und richten Sie Ihren Raum so her, dass sich das Publikum darin wohlfühlt und Sie selbst optimale Arbeitsbedingungen haben.

Dazu eine Checkliste, die Sie für jede Präsentation nutzen können:

	Alles im grünen Bereich	Ich muss tätig werden
Standort		
Ist der Raum für alle Teilnehmer gut zu erreichen (eventuell Hinweisschilder aushängen)?		
Steht der Raum ausreichend lange zur Verfügung, sodass auch nach der Präsentation noch intensiv diskutiert werden kann?		
Größe		
Finden alle Teilnehmer einen Sitzplatz?		
Habe ich als Präsentierender noch genügend Bewegungsraum?		

	Alles im grünen Bereich	Ich muss tätig werden
Sicht		
Kann ich als Präsentierender während der Präsentation zu allen Anwesenden guten Blickkontakt aufnehmen?		
Haben alle Teilnehmer gute Sicht auf alle eingesetzten Medien (Leinwand, Monitor, Flipchart)?		
Lassen sich alle Ihre Visualisierungen (auf Leinwand projiziert oder auf Flipchartbögen/ Plakaten) auch von den hintersten Sitzplätzen aus erkennen?		
Raumakustik		
Bin ich auf allen Plätzen im Raum gut zu hören?		
Gibt es äußere oder innere Störquellen (beispielsweise Baulärm, Telefon), und wie können diese vermindert oder abgestellt werden?		
Wie funktionieren eingesetzte Mikrofone? Wie nah/wie weit müssen sie vom Mund entfernt gehalten werden?		
Beleuchtung/Verdunkelung		
Ist die Beleuchtung ausreichend?		
Wo liegen die Lichtschalter?		
Wie lässt sich der Raum verdunkeln?		
Lässt sich durch Vorhänge oder Jalousien Sonneneinstrahlung abhalten?		
Medien/Technik		
Sind die benötigten Medien vorhanden und funktionstüchtig? (Verlängerungskabel, Mehrfachstecker zum Aufladen des Laptop, Anschlüsse)		
Ist ausreichende Standfläche für den Laptop und Beamer vorhanden?		
Gibt es eine bequeme Ablagefläche für das Manuskript, das eigene Glas Wasser, die benötigten Zeigeutensilien?		
Lassen sich kurzfristig Ersatzteile (Ersatzglühbirne, Mehrfachstecker) beschaffen?		

	Alles im grünen Bereich	Ich muss tätig werden
Wer hilft bei Bedienungsproblemen und Störungen? Wie kann diese Person schnell benachrichtigt werden?		
Wo liegen die Steckdosen und die Sicherungen?		
Ist eventuell für die Diskussionsrunde ein Flipchart oder gar eine Pinnwand mit Karten und Nadeln sinnvoll?		
Bekommen die Teilnehmer Unterlage, Schreibblock und Stifte?		
Brauche ich eine Digitalkamera, um visualisierte Diskussionsergebnisse zu protokollieren?		
Raumklima		
Lässt sich ein angenehmes Raumklima herstellen?		
Wie funktionieren Heizung, Lüftung, Klimaanlage?		
Wie lassen sich die Fenster öffnen?		
Der Mensch lebt nicht von Charts alleine		
Ist die Getränkeversorgung aller Anwesenden gesichert?		
Soll es »Zuhörmotivationskekse« geben?		
Ist eine Bewirtung in der Pause/Mittagspause vorgesehen?		
Ist nach einer Abendpräsentation zum Ausklang Sekt, Selters oder Milch vorgesehen?		
Wie sieht es mit dem Rauchen aus?		

Die Zeitplanung der vollständigen Präsentation

Wenn Sie Ihr Publikum nicht mögen, setzen Sie den Präsentationstermin auf einen Freitag nach einem opulenten, späten Mittagessen und kündigen an, dass Sie die Veranstaltung mit einer Diskussion in den späten Nachmittag hinein – *open end* – ausklingen lassen wollen. Sie können auch an einem Montag direkt nach den Ferien um 08:30 Uhr beginnen oder an einem beliebigen Tag zu einem Zeitpunkt, an dem im Fernsehen ein Halbfinalspiel einer Fußballwelt- oder -europameisterschaft (mit deutscher, österreichischer oder Schweizer Beteiligung) beginnt.

Die Alternative: Als günstiger Zeitpunkt für eine Präsentation hat sich der Vormittag herausgestellt, nachdem die Teilnehmer sicher durch den Berufsverkehr gekommen sind, ihre Post bearbeitet und erste wichtige Telefonate erledigt haben. Und wenn an diesem Tag weder die Steuerfahnder noch wichtige Kunden oder Handwerker im Hause sind, umso besser.

Der zeitliche Ablauf

Unabhängig davon, wann die Präsentation stattfindet, werden Sie vielleicht den zeitlichen Ablauf der gesamten Veranstaltung planen.

Denken Sie daran: Zusätzlich zu Ihrer eigentlichen Präsentation benötigen Sie Zeit für

- die erste Begrüßung, das Händeschütteln, den Small Talk;
- eventuelle Pausen, vielleicht zwischen Ihrer Präsentation und der anschließenden Frage- und Diskussionsrunde;
- die Frage- und Diskussionsrunde selbst und schließlich
- die Verabschiedung Ihres Publikums.

In unserem Beispiel könnte die Zeitplanung folgendermaßen aussehen:

Auf Nachfragen hat Ihnen Ihre Chefin oder Ihr Chef erklärt:

»*Unsere Sitzung wird den ganzen Vormittag dauern. Um 09:15 Uhr berichtet unser Personalchef Timo M. Rieg über seine Pläne für das neue Ausbildungszentrum, mit dem wir in der betrieblichen Ausbildung zum Vorbild für die gesamte Region werden wollen. Kurz vor 10:00 Uhr gibt es Kaffee. Ich habe den Tagesordnungspunkt ›Überarbeitete Werbekampagne‹ auf 10:00 Uhr gelegt und dafür eine Stunde vorgesehen. Sie beginnen mit Ihrer Präsentation am besten gleich, wenn alle ihren Kaffee haben.*«

Und so sieht Ihre Zeitplanung aus:

- Auf eine ausführliche Begrüßung der Teilnehmer können Sie verzichten, da Sie während der gesamten Sitzung dabei sind und spätestens in der Kaffeepause die Ihnen noch unbekannten Gesichter ansprechen können. Ihre Chefin oder Ihr Chef wird aber vor Ihrer Präsentation ein paar einleitende Worte sprechen. Diese Erfahrung haben Sie schon häufig gemacht. Deshalb reservieren Sie dafür sicherheitshalber fünf Minuten.
- Nachdem Sie die Vorgeschichte kennen und mit einigen Abteilungsleiterinnen und Abteilungsleitern über deren Erwartungen an diese Präsentation gesprochen haben, rechnen Sie mit einer lebhaften Diskussion. Für die Beantwortung von Fragen und für diese Diskussion reservieren Sie insgesamt 30 Minuten. Diese Zeit benötigen Sie schon deshalb, weil es in der Diskussion um die Mitarbeit in der geplanten Arbeitsgruppe gehen soll.
- Da Sie für alle Fälle noch einen kleinen Zeitpuffer von fünf Minuten einplanen wollen, bleiben Ihnen für Ihre eigentliche Präsentation genau 20 Minuten.
- Das Verteilen von Unterlagen entfällt. Denn Sie haben vor, den Beteiligten eine Kurzfassung Ihrer Präsentation per E-Mail zuzuschicken. Auch für die Verabschiedung brauchen Sie keine Zeit einzuplanen: Nach Ihnen soll noch ein weiterer Tagesordnungspunkt bearbeitet werden, und Sie wollen mit einigen Teilnehmern gemeinsam zum Mittagessen gehen.

Die Nachbereitung der Präsentationsveranstaltung

Es gibt Präsentationsveranstaltungen, nach denen Sie vielleicht froh sind, wenn Ihr Publikum den Raum verlassen hat, Sie sich auf einen Kaffee zurückziehen und alles vergessen können. Diese Phase sollte allerdings nicht zu lange dauern. Sonst haben Sie wirklich alles vergessen und verpassen die Chancen, die in der Nachbereitung Ihres Auftritts liegen.

Die Nachbereitung Ihrer Präsentationsveranstaltung hat zwei Ziele:

● Sie überlegen sich Maßnahmen, die Sie unternehmen wollen, um auch nach der Präsentation an Ihrem Publikum »dranzubleiben«, Ihre Ziele und Interessen weiterzuverfolgen.
● Sie erarbeiten sich Hinweise darüber, was Sie beim nächsten Auftritt anders machen könnten – und natürlich auch die Gewissheit, dass Sie in der bewältigten Präsentation schon vieles gut gemacht haben und wie sich das Klima zwischen Ihnen und dem Publikum entwickelt hat.

Maßnahmen nach der Veranstaltung

In der Frage- und Diskussionsrunde erhalten Sie viele Informationen aus dem Publikum. Die Frage- und Diskussionsrunde kann Ihnen als »Gradmesser« dafür dienen, was beim Publikum angekommen ist und was nicht.

Stellen Sie sich daher ein paar Fragen zur Zielerreichung Ihrer Präsentation und entscheiden dann, was Sie jetzt noch tun können und wollen, um Ihr Anliegen weiterzuverfolgen. Das könnten beispielsweise sein:

● eine telefonische Nachfassaktion;
● ein gezielter Versand ausgewählter Unterlagen, die auf bestimmte Teile der Präsentation Bezug nehmen;
● ein neues Treffen mit einzelnen Teilnehmern der Präsentation;
● das Angebot zu einer weiteren Präsentation.

Ein paar Fragevorschläge aus unserem Beispiel: Die Abteilungsleiter sollen vom Nutzen, den die neue Kampagne für das gesamte Unternehmen und die eigenen Abteilungen bringt, überzeugt werden. Sie sollen daher für die aktive Mitarbeit in einer Arbeitsgruppe, die die Umsetzung des vorgelegten Entwurfs betreut, gewonnen werden.

- Wie klar konnte den Anwesenden der Nutzen des neuen Konzepts für das gesamte Unternehmen wie auch für die eigenen Abteilungen und die eigene Arbeit vermittelt werden?
- In welchem Maße ist den Anwesenden die Notwendigkeit einer Mitarbeit in der Arbeitsgruppe deutlich geworden?
- Bei welchen Punkten konnte bei den Anwesenden Zustimmung ausgemacht werden?
- Bei welchen Punkten lassen sich noch Bedenken vermuten?
- Was muss im Rahmen der Nachbereitung noch getan werden, um die Zielerreichung nach der Präsentationsveranstaltung weiter zu festigen?

Überlegen Sie aber auch, ob Sie durch die Präsentation und Diskussion Anregungen für ein weiteres »Bearbeiten« des Publikums bekommen haben. Vielleicht haben Ihre Zuhörer die von Ihnen vorgestellten Ideen weniger begeistert aufgenommen als erwartet und werden die angepriesenen Produkte nur zögernd erwerben. Dafür haben Sie selbst jetzt genug Anregungen, was bei Ihrem Publikum wirklich ankommt. Und Sie überlegen, ob Sie ein Produktblatt schicken, eine neue Ideenskizze mailen, die Gelegenheit für eine weitere Präsentation wahrnehmen oder Einzeltreffen mit wichtigen Teilnehmern vereinbaren.

»Nach der Präsentation ist vor der Präsentation«

Auch wenn Sie das Ziel Ihrer Präsentation vollständig erreicht haben, bedeutet dies nicht, dass Sie Ihr Präsentationsverhalten nicht noch verbessern könnten. Umgekehrt gilt: Selbst wenn Sie mit dem Ergebnis unzufrieden sind, haben Sie in den Augen Ihres Publikums vielleicht doch eine passable Leistung gezeigt.

Wir empfehlen Ihnen, zuerst einmal selbst zu überlegen, was Ihnen gefallen hat und wo Sie mit sich und Ihrem Präsentationsauftritt zufrieden waren:

- Was hat gut geklappt?
- Welche Inhalte der Präsentation konnte ich gut vermitteln?
- In welchem Maße ist es mir gelungen, eine positive, offene und konstruktive Atmosphäre durch wertschätzendes Verhalten zu gestalten?

- Welche persönliche Stärke beim Präsentieren konnte ich für das Publikum erlebbar machen?
- An welchen Stellen während der Darstellungs- oder Austauschphase habe ich mich wohlgefühlt? Was habe ich da gemacht?
- Wie gut konnte ich auf Fragen und Einwände aus dem Publikum eingehen?
- Wie ruhig und gelassen bin ich selbst bei besonders kritischen Fragen geblieben?
- Wie sind meine Visualisierungen angekommen?
- Wie sicher und gekonnt war mein Umgang mit den Medien?

Überlegen Sie in einem zweiten Schritt anhand dieser Fragen, was Sie noch verbessern möchten.

Zusätzlich zu Ihrer Selbstreflexion sollten Sie sich um *Rückmeldungen aus dem Publikum* bemühen. Diese Rückmeldungen sind leider nicht immer offen und ehrlich: Das befiehlt anscheinend die Höflichkeit. Und diese Rückmeldungen sind häufig wenig differenziert und hilfreich: Schließlich sitzen im Publikum nur selten ausgebildete Präsentationstrainer. Versuchen Sie trotzdem in Erfahrung zu bringen, was Sie noch verändern sollten. Jede Präsentation lässt sich noch verbessern, und selbst ein erster Eindruck, wie Ihre Präsentation bei den anderen angekommen ist, kann Ihnen dabei helfen. Bitten Sie diejenigen Teilnehmer um eine Rückmeldung, die Sie gut kennen und von denen Sie wissen, dass sie Ihr Lerninteresse unterstützen.

Fragen, die Ihnen dabei helfen können:

- Was hat Ihnen an der Präsentation gut gefallen?
- Was könnte ich bei meiner nächsten Präsentation anders machen?
- Wie sollte ich dabei konkret vorgehen, damit es Ihrer Meinung nach besser wird?
- Wie beurteilen Sie die Qualität der Visualisierungen? Was hat Ihnen gefallen, was sollte anders werden?
- Haben Sie mich als überzeugt und authentisch, also hinter den Inhalten stehend erlebt? An welchen Stellen möglicherweise nicht?
- Was ist Ihnen aufgefallen, was sich häufig oder vielleicht sogar penetrant wiederholt hat (in den Gesten, der Wortwahl oder Füllworte wie ›äh … ahm‹?
- Wie wertschätzend und angemessen haben Sie meine Antworten auf Zwischenfragen und Kritik erlebt?

»Tritt fest auf, mach's Maul auf, hör bald auf!« Ihr Auftritt

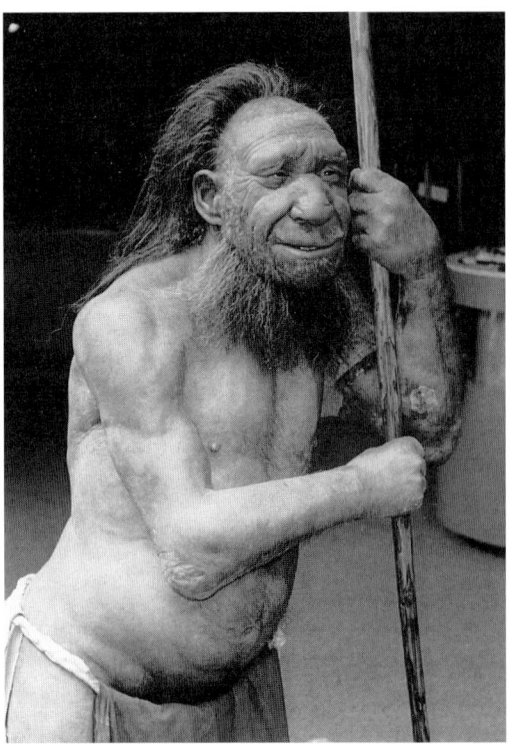

- »Flugzeuge im Bauch« – Lampenfieber, und wie man damit umgeht
- Selbstbewusst und souverän auftreten – So steigern Sie Ihre Wirkung
- Störungen und kleine Katastrophen – Was tun, wenn die Welt zusammenbricht?

»Flugzeuge im Bauch« – Lampenfieber, und wie man damit umgeht

Der Musiker Herbert Grönemeyer hat ein treffendes Bild gefunden: »Flugzeuge in meinem Bauch …« Vielen dürfte dieser Zustand bekannt sein. Bei einigen sind es kleine Modellflugzeuge, die im Unterleib rumoren, bei anderen dagegen ganze Airbusflotten. Einige spüren vielleicht nur eine leichte Spannung, bevor es losgeht; andere haben das Gefühl, schweißgebadet nach vorne gehen zu müssen. Die Ausprägungen unterscheiden sich von Person zu Person.

Lampenfieber hat etwas mit Angst zu tun, beispielsweise mit der Angst, den roten Faden zu verlieren, nicht die richtigen Worte zu finden, vom Publikum abgelehnt zu werden oder auf kritische Fragen nicht schlagfertig antworten zu können.

Zum Umgang mit dieser Angst gibt es vielfältige Programme und Übungsreihen. Dazu gehören beispielsweise das mentale Training, die eine oder andere Übung aus dem neurolinguistischen Programmieren (NLP), die Autosuggestion oder auch die Selbsthypnose. Ihnen allen ist gemeinsam, dass sie nicht auf Knopfdruck funktionieren. Sie müssen sich etwas mit den Hintergründen der Übungen und vor allem ernsthaft mit den Übungen selbst beschäftigen. Und was dem einen gut hilft, ist für manch anderen nur die zweitbeste Lösung. Eine gute Einführung in die unterschiedlichen Ansätze zur persönlichen Lampenfieberbekämpfung gibt das Buch von Linda Langeheine »Lampenfieber ade«.

Konkret für Präsentationssituationen haben wir die Erfahrung gemacht, dass eine sorgfältige Vorbereitung mindestens die Hälfte der Unruhe vor einer Präsentation gar nicht erst entstehen lässt. Auf den Punkt gebracht heißt das, je besser die Vorbereitung Ihrer Präsentation, desto geringer das Lampenfieber, denn:

- *Sie haben sich intensiv mit dem Anlass, den Hintergründen, Ihrem Auftrag, Ihrer Zielgruppe und Ihren eigenen Interessen beschäftigt.* Sie können gar nicht das Thema verfehlen oder etwas Unpassendes präsentieren.
- *Sie haben eine sorgfältige Zielgruppenanalyse gemacht und vielleicht auch schon mit einigen späteren Teilnehmern telefonisch die besonderen thematischen Wünsche und Erwartungen des Publikums abgeklärt.* Sie haben damit dem Publikum signalisiert, dass Sie sich aktiv um die Belange der Gruppe kümmern. Zudem wissen Sie selbst jetzt auch, dass inhaltlich nicht allzu viel schieflaufen kann.
- *Sie haben Ihr Präsentationsziel schriftlich ausformuliert und für jedermann offen in einem Zielsatz genannt sowie im Schlussappell wiederholt.* Sie können Ihrem Publikum mit gutem Gefühl gegenübertreten. Sie spielen mit offenen Karten, und Sie wissen selbst genau, was Sie wollen. Zudem wird Ihr Publikum Ihnen richtig dankbar sein, weil es weiß, warum es dieser Präsentation beiwohnen soll.
- *Sie haben Ihre Inhalte zielorientiert und teilnehmerbezogen ausgewählt und aufbereitet.* Sie werden also nicht an Ihrem Publikum vorbeireden, weil Sie die Sprache Ihrer Teilnehmer sprechen und Ihre Präsentation an deren Vorwissen, Interessen und Gefühlen orientiert haben. Ihr Publikum wird Ihnen dankbar sein, weil es der Präsentation ohne besondere Anstrengung aufmerksam und interessiert folgen kann.
- *Sie haben eine klare Gliederung erstellt und den Ablauf der Veranstaltung sorgfältig vorbereitet.* Sie wissen also, wie Ihr roter Faden verläuft. Und dabei gibt es keine Lücken oder Längen. Ihr Publikum wird Ihnen dankbar sein, weil diese Präsentation nachvollziehbar aufgebaut ist und sich nicht als endlose Geschichte entpuppt.
- *Sie haben Ihre Visualisierungen einfach, auf Ihr Ziel bezogen und abwechslungsreich gestaltet.* Sie wissen also, dass Ihre Visualisierungen Ihr Ziel unterstützen und bei den Teilnehmern gut ankommen werden. Ihr Publikum ist Ihnen schon deshalb dankbar, weil Sie keine seitenlangen PowerPoint-Charts mit Textseiten präsentieren werden.

- *Sie haben ein sorgfältig ausgearbeitetes Stichwortmanuskript vorbereitet, mit dem Sie sicher und flüssig vortragen können.* Sie verfügen also über eine Unterlage, auf die Sie sich zu jeder Zeit während der Präsentation verlassen können.

- *Sie haben den Anfang und den Schluss Ihrer Präsentation wörtlich ausformuliert.* Sie können am Anfang und am Ende Ihrer Präsentation weder etwas vergessen noch sich verhaspeln. Ihre Präsentation beginnt klar und sicher und endet »rund«.

- *Sie haben die technische Ausstattung und die Räumlichkeiten überprüft.* Es gibt mit Sicherheit keine technischen Pannen. Und für den unwahrscheinlichsten aller unwahrscheinlichen Fälle haben Sie einen Plan »B«, beispielsweise die Kopie Ihrer wichtigsten Folien.

- *Sie haben Ihre Präsentation vorher mindestens einmal geübt.* Sie haben also die meisten der möglichen »Pannen« schon im Vorfeld erlebt und natürlich die Zeit gewaltig überschritten, aber auch die entsprechenden Konsequenzen gezogen. Sie kennen jetzt auch die Stellen Ihrer Präsentation, auf die Sie sich richtig freuen und bei denen Sie »glänzen« können.

- *Sie haben sich ausführlich auf die Fragen und die Diskussion im Anschluss an die Präsentation vorbereitet.* Sie wissen also, dass Sie auf fast alle möglichen Fragen und Einwände vorbereitet sind und dass Ihnen so gut wie keine Überraschungen mehr begegnen können.

Und bei einem Blackout?

- *Und Sie wissen, was Sie im seltenen Fall (Lottogewinn!) eines Blackouts machen müssen!* Hier ein kleiner Tipp aus dem Buch von Linda Langeheine: »Wenn Sie vorübergehend nicht weiterwissen, bewegen Sie sich oder tun Sie abrupt etwas anderes. Die Bewegung löst Blockaden, und Sie sind schnell wieder in der Lage, weiterhin flüssig zu sprechen … Viele Redner trinken in diesem Moment einen Schluck Wasser.« Wir empfehlen zusätzlich, dass Sie dabei Ihr Manuskript nehmen, die Seite aufschlagen, an der Sie gerade sind und vielleicht laut die Überschrift der nächsten Folie vorlesen und den Anwesenden erklären, was sie sehen. Sie können auch das zuletzt Gesagte noch einmal mit anderen Worten wiederholen oder einen längeren Abschnitt kurz zusammenfassen.

Was aber, wenn immer noch Lampenfieber da ist?

Reicht auch Ihre gute Vorbereitung nicht aus, sämtliche Flugzeuge aus dem Bauch zu bekommen, so prüfen Sie einmal, wie viel Lampenfieber Sie für sich akzeptieren können. Das Lampenfieber ganz eindämmen ist häufig gar nicht angebracht. Denn ein wenig Lampenfieber bedeutet auch Spannung, und die ist sogar notwendig, damit Sie lebendig, dynamisch, wach und konzentriert präsentieren können.

Ein Schaubild macht den Zusammenhang zwischen Anspannung und Leistungsfähigkeit deutlich:

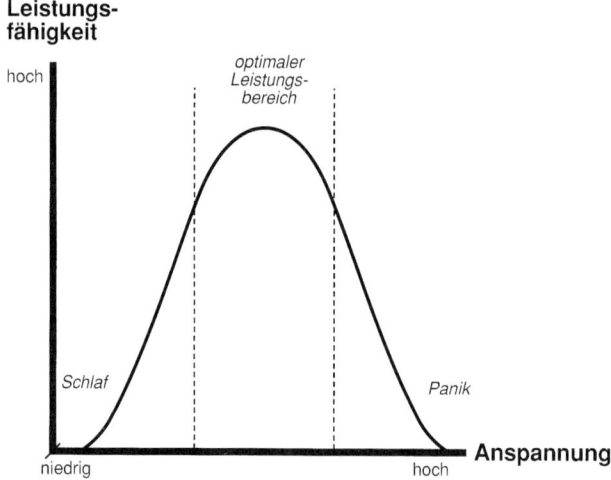

Ihre optimale Leistung bei geistigen und feinmotorischen Anforderungen, wie sie eine Präsentation verlangt, bringen Sie bei mittlerer Anspannung. Bei zu wenig Anspannung wirken Sie möglicherweise wie eine Schlaftablette; bei zu viel Anspannung haben Sie richtigen Stress, der Sie deutlich behindern kann und der dann auch für das Publikum erkennbar wird. Das wäre ein guter Grund, sich einmal intensiver mit dem Thema »Stress und Lampenfieber« zu beschäftigen. (Tipps dazu finden sie bei der kommentierten Literaturliste, s.S. 197 ff.)

Vielleicht der wichtigste Tipp: Lassen Sie sich ruhig mehrmals bei einer Präsentation filmen. Beim Anschauen werden Sie feststellen, dass der Mensch, den sie da betrachten, auf dem Video viel ruhiger und souveräner wirkt als das unruhige Energiebündel, als das Sie sich selbst während der Präsentation wahrgenommen haben. Sie wirken in der Regel anders, als Sie sich fühlen. Das ist nachvollziehbar, denn Ihre Zuhörer können nicht in Ihr Innerstes schauen. Was sie wahrnehmen, ist eine Person, die mehr oder weniger anregend oder mehr oder weniger fachkundig über ein Thema referiert. Zuhörer in Präsentationen machen keine Lampenfieberanalysen, sie wollen vielmehr wissen, warum jetzt plötzlich die neue Werbekampagne im Gegensatz zur alten ein durchschlagender Erfolg werden soll.

Zu guter Letzt: »Praxis macht den Meister.« Je häufiger Sie präsentieren oder vor anderen auftreten, umso häufiger erleben Sie, dass es bei Ihnen trotz Lampenfiebers klappt. Und noch wichtiger: Sie erfahren, was Sie tun müssen und können, damit es auch in Zukunft weiterhin gut läuft. Sie werden sicherer, und irgendwann kann Sie so leicht nichts mehr aus der (Präsentations-)Ruhe bringen.

Das funktioniert aber nur dann, wenn Sie sich nach Ihren Praxisauftritten ein ehrliches Feedback holen. Versuchen Sie Rückmeldungen darüber zu bekommen, wo Sie gut waren, beispielsweise überzeugend aufgetreten sind, gewinnend oder fachkundig argumentiert haben. Bemühen Sie sich aber ebenso um Rückmeldungen zu den Punkten, die Sie noch verbessern können, beispielsweise zum Blickkontakt, zum Umgang mit Laptop und Beamer, zur wertschätzenden Beantwortung von Fragen oder zum Einsatz von Gestik und Stimme.

Selbstbewusst und souverän auftreten – So steigern Sie Ihre Wirkung

Vorneweg: Im Auftreten spiegelt sich Ihr Innerstes

Wenn Sie traurig sind, kann sich das in Ihrem Äußeren spiegeln, man merkt es Ihnen einfach an. Gleiches gilt für Angst, Glück, Ärger, Verliebtsein oder Freude. Menschen »sieht« man aber auch an, ob sie eins mit sich sind, ob sie in sich ruhen, ob sie verunsichert sind, sich minderwertig fühlen. Gelegentlich erleben Sie, dass ein anderer Mensch Autorität ausstrahlt, eine echte Führungspersönlichkeit darstellt oder ein typischer Duckmäuser ist, um nur einige Beispiele zu nehmen.

Stimmen Sie sich auf die Präsentation positiv ein!

Das Wissen um die »durchschlagende Wirkung« des Inneren ermöglicht erste Maßnahmen, wenn es um Ihr selbstbewusstes Auftreten geht: Wenn Sie vor einem für Sie wichtigen Gespräch, einem wichtigem Meeting und natürlich vor einer Rede oder Präsentation stehen, stimmen Sie sich positiv ein. Es mag banal klingen, jedoch: Es wirkt!

Sie treten am nächsten Tag vor den Abteilungsleitern auf. Sprechen Sie für sich, so laut es in der Situation gerade geht, Formeln wie »Ich freue mich auf die Rede! Ich habe mich gut vorbereitet! Die Kampagne ist eine tolle Sache. Ich freue mich auf mein Publikum, und ich freue mich besonders, all den Anwesenden unsere neue Werbekampagne spannend und verständlich zu vermitteln. Das wird eine richtig gute Sache!«.

Sie können die Situation natürlich noch weiter ausmalen: »Ich werde den Leuten die Mitarbeit in der Arbeitsgruppe schmackhaft machen. Die werden richtig scharf darauf sein, da mitzumachen. Ich kann mir gut vorstellen, wie am Ende der Präsentation alle ihre Bereitschaft signalisieren.« Nehmen Sie sich dabei etwas Zeit und stellen Sie sich die Situation so anschaulich wie möglich vor.

Sie wissen, dass im Publikum ein Ihnen sehr unangenehmer Mensch sitzt. Auch hier können Sie sich positive Formeln überlegen und sich diese innerlich, besser jedoch laut vor der Präsentation vorsprechen: »Ich habe gute Argumente für meine Position. Ich fühle mich sicher! Ich werde Herrn ... freundlich und mit aller Wertschätzung gegenüber auftreten. Ich freue mich auf die Situation, wo er angespannt den Einzelheiten der Kampagne zuhören wird. Und am Ende der Präsentation werde ich ihn persönlich auf eine Mitarbeit in der Arbeitsgruppe ansprechen. Er wird derjenige sein, der am intensivsten zuarbeiten wird!«

Sie erfahren, dass ein Gast aus einer anderen Abteilung bei Ihrer Präsentation zugegen sein wird. Diese Kollegin ist Ihnen außerordentlich unsympathisch, und Sie überlegen schon, ob Sie nicht schnell noch eine Grippe ... Aber es hilft nichts. Da müssen Sie durch! Ein kleiner Tipp zur Selbsteinstimmung: Nehmen Sie sich etwas Zeit und überlegen fünf Eigenschaften Ihrer Kollegin, die Ihnen wirklich (!) gefallen und die Sie an ihr mögen können. Dabei kann es sich um »Kleinigkeiten« handeln, die Kürze und Klarheit ihrer E-Mails, die interessante Uhr, die Art, Sie zu grüßen, oder Ähnliches. Wichtig: Seien Sie sich gegenüber so ehrlich wie möglich. Einverstanden: Es erfordert gelegentlich etwas Überwindung und man glaubt, nach der zweiten Eigenschaft nun wirklich keine weitere zu finden. Aber es geht, und es wirkt! Sie werden merken, dass Sie der Situation schon im Vorfeld etwas positiver gegenüber eingestellt sind. Jetzt noch Ihre persönliche Einstimmung, und dann kann es losgehen: »Ich freue mich auch darauf, dass ich meinem Gast, der Kollegin ... die Vorteile der neuen Kampagne vorstellen darf. Ich gehe davon aus, dass sie so begeistert sein wird, dass sie mich zu einem Kaffee und weiteren Erläuterungen einladen wird.«

Eine derartige Einstimmung hilft Ihnen, Ihrem Publikum etwas offener und souveräner gegenüberzutreten, als Sie dies mit Ihrer normalen »Morgenmuffelstimmung« oder »Muss-denn-das-heute-auch-noch-sein«-Laune getan hätten. Und eine solche Einstimmung wirkt sich auf Ihr äußeres Verhalten aus. Sie wirken eine Spur selbstsicherer und engagierter. Aber natürlich können Sie auch noch gezielt auf Ihr Auftreten achten.

Kleidung

Kleiden Sie sich so, dass Sie als gleichwertiger Gesprächspartner angesehen werden. Also Kostüm oder Anzug, wenn zu einem bestimmten Termin Kostüm oder Anzug üblich ist. Dabei spielt es keine Rolle, dass Ihr Kostüm nicht von Windsor und Ihr Anzug nicht von Brioni sind. Sie müssen in Ihrer Kleidung gepflegt, angemessen elegant und natürlich wirken, eher eine kleine Spur eleganter als Ihr Publikum, auf keinen Fall im Niveau darunter. Wenn Sie unsicher sind, welcher »Dresscode« auf der Veranstaltung gewünscht ist, auf der Sie auftreten, dann rufen Sie einfach an und fragen Sie. Fragen Sie im Sekretariat der Abteilung oder der Firma nach, bei der Sie zu Gast sind, man wird Ihnen gerne weiterhelfen. Falls Sie sich ohne Vorabinformationen entscheiden müssen? Anzug oder Kombination mit Krawatte oder Kostüm, gedeckte Farben, keine groben, auffälligen Muster oder glänzender Stoff. Schmuck und Make-up sollten zurückhaltend verwendet werden. Und wenn es für manche Menschen auch nur ganz schwer nachvollziehbar ist: In den meisten Unternehmen im deutschsprachigen Raum werden Jeans beim Präsentierenden als unangemessen empfunden.

Bewegungen

Stehen Sie mit dem Gewicht gleichmäßig auf beiden Beinen, jedoch nicht breitbeinig, das wirkt übermäßig dominant. Ein Fußabstand von ungefähr 15 cm ist ausreichend. Unsere Leserinnen sollten einmal prüfen, wie sie sich fühlen und wie sie wirken, wenn ein Fuß etwas vor dem anderen steht. Ein solcher Stand vermittelt bei Frauen häufig den Eindruck von besonderer Souveränität. Sie können sich während der Präsentation ruhig etwas bewegen. Sie sollten dies sogar, beispielsweise dann, wenn Sie zur Leinwand gehen und auf einen wichtigen Sachverhalt auf dem projizierten Bild zeigen oder wenn Sie sich den Teilnehmern mit dem Oberkörper zuwenden, einen Schritt auf sie zugehen und sie beispielsweise nochmals eindringlich darauf hinweisen, wie hilfreich ihre Teilnahme an der schon mehrfach erwähnten Arbeitsgruppe ist.

Bleiben Sie also auf keinen Fall wie festgenagelt neben dem Laptop stehen! Nur: Machen Sie keine kleinräumigen Hin-und-her-Schritte wie ein Tiger im Käfig, sondern deutliche Postionsveränderungen über 2–3 Meter!

Gestik

Und die Hände? Zwingen Sie sich nicht, mit gekünstelter Gestik zu schauspielern. Das kostet Kraft und lenkt vom Sprechen und Zuhören ab. Lassen Sie die Gestik, die zu Ihnen passt, einfach geschehen. Scheuen Sie sich dabei nicht, »mit den Händen zu reden«. Auch hier gilt: Eine ausgeprägte, etwas ausholende Gestik vermittelt mehr Selbstbewusstsein als eine verhaltene, eng am Körper ausgeführte Armbewegung. Und im Ruhezustand? Üben Sie als Grundhaltung, die Hände in Hüfthöhe zu halten. Das wirkt konzentriert und aufmerksam. Und natürlich können Sie die Hände auch einmal vor der Brust verschränken oder an der Seite hängen lassen. Solange Sie die Haltung wechseln, ist das in Ordnung. Hüten Sie sich allerdings davor, die Hände unterhalb des Gürtels gefaltet zu halten, das wirkt brav und bieder. Ach ja, und die Hand in der Tasche wirkt sicher hin und wieder souverän und lässig, wird aber nicht überall gerne gesehen. Unser Tipp: Während der Präsentation haben die Hände nichts in der Tasche zu suchen.

Etwas in den Händen halten? Warum nicht? Sie halten gelegentlich das Manuskript in den Händen, vielleicht auch einen Stift, um auf eine Abbildung zu zeigen, einen Zeigestab oder einen Laserpointer. Mit Letzterem können nur wenige Menschen professionell umgehen, der kleine rote Punkt ist häufig zudem schwer zu erkennen, und es ist schwierig, ihn ruhig zu halten. Und der Zeigestab, dessen moderne Variante der ausziehbare Teleskopstab ist? Mit ihm, wie auch mit einem Stift, kann man viel Hektik verbreiten, beispielsweise herumfummeln oder auf die Leinwand schlagen oder wie ein Lehrer auf einzelne Personen damit zeigen. Man kann beide auch sehr souverän in den Händen halten. Dann geben sie vielen Rednern etwas zum Festhalten und sorgen so nebenbei für eine sehr professionelle Gestik. Probieren Sie es aus und holen sich Rückmeldung von Kolleginnen und Kollegen.

Blickkontakt

Halten Sie zu den Anwesenden immer wieder Blickkontakt. Schauen Sie einzelne Teilnehmerinnen und Teilnehmer dabei direkt an. Gestalten Sie Ihre Präsentation dadurch zu einem Dialog, indem Sie viele kleine »Blickkontaktdialoge« führen. Sie reden also nicht Ihr Publikum an, sondern direkt zu den einzelnen Personen vor Ihnen. Das gilt gleichermaßen beim Umgang mit den Medien, wie wir bereits ausgeführt haben: Sie können sich durchaus auch von den Teilnehmern Ihrer Präsentation abwenden, wenn Sie etwas zeigen, etwas am Flipchart malen oder in Ihrem Manuskript blättern. Nur sollten Sie immer wieder von Neuem den direkten Blickkontakt zu allen im Raum aufnehmen. So hat jeder das Gefühl, dass Sie sämtliche Aktionen in der Absicht durchgeführt haben, für die Teilnehmer etwas zu leisten.

Bei einem größeren Zuhörerkreis ab 40–50 Personen können Sie natürlich keinen persönlichen Blickkontakt zu allen Personen halten. Erfahrene Redner nehmen daher nur zu einzelnen Teilnehmern in den ersten Reihen direkten Blickkontakt auf und »decken« den Rest des Publikums mit einen »schweifenden Blick« ab. Dabei sorgt ein Blickbewegungsmuster wie ein großes »M«, ein »W« oder eine liegende »8« dafür, dass sich alle Anwesenden einbezogen fühlen.

Mimik

Setzen Sie Ihr freundlichstes Sonntagsgesicht auf. Lächeln Sie, freuen Sie sich. Freundlichkeit ist ein Zeichen von Souveränität. Böse dreinschauende Menschen denken vielleicht, sie würden fest und selbstsicher wirken, sie tun es nicht. Auf der anderen Seite: Setzen Sie dann ein ernstes Gesicht auf, wenn Sie beispielsweise eine schwerwiegende Zwischenfrage entgegennehmen. Es geht also darum, situationsgerecht die Mimik anzupassen.

Sprechen

Sprechen Sie klar und deutlich und in einer Lautstärke, die auch in der letzten Reihe gut verstanden werden kann. Reden Sie nicht einfach drauflos, sondern konzentrieren Sie sich auf eine sorgfältige Aussprache: Artikulieren Sie die Anfangs- und Endsilben, also: »bescheiden« statt »b'scheiden« und »achten« statt »acht'n«. Sagen Sie »Das ist eine ganz neue ...« und nicht »Das is ne ganz neue ...«. Machen Sie bewusst Pausen. Erzeugen Sie mit Pausen Spannung und strukturieren Sie Ihre Erzählung. Pausen helfen Ihnen, Dehnungslaute wie »ähhh« oder »mhh« zu vermeiden. Vermeiden Sie Fremdwörter, deren Aussprache Ihnen Schwierigkeiten bereitet. Fremdwörter und Fachbegriffe, die Ihr Publikum nicht verstehen könnte, sollten in Ihrer Präsentation nur mit Erklärung einen Platz finden.

Wenn Sie vor einer besonders wichtigen Präsentation stehen, proben Sie diese wenn möglich einmal in dem Raum, in dem die Veranstaltung stattfinden wird. Passen Sie dabei Ihre Stimme den besonderen räumlichen Gegebenheiten an. Sprechen Sie kurze Sätze, bestehend aus Haupt- und einem Nebensatz. Vermeiden Sie also Satzungetüme mit mehreren Nebensätzen. Wechseln Sie die Lautstärke: Werden Sie bei Ihnen wichtigen Passagen etwas lauter, bemühen Sie sich dann aber wieder um Ihre normale Lautstärke. Und wenn Sie es dann noch schaffen, auch einmal mit dem Tempo zu variieren, also abwechselnd schneller und langsamer zu sprechen, dann stimmt Ihr Sprechauftritt. Sprechen Sie Hochdeutsch. Es ist andererseits unproblematisch, wenn Ihre Stimme dialektgefärbt ist, also beispielsweise einen rheinischen, schwäbischen oder sächsischen Klang hat. Im Gegenteil, das kann Ihrem Auftreten sogar einen interessanten Anstrich geben. Auf keinen Fall jedoch sollte Dialekt zu Verständigungsproblemen führen. Und ob es in den west-, nord- und ostdeutschen Regionen mittlerweile akzeptiert wird, dass man einen Komparativ mit »wie« bildet, das kann dann ja Thema einer anregenden Diskussion in der Kaffeepause sein.

Sprache

Die Sprache: Manche Menschen nehmen bestimmte Wörter nicht in den Mund, selbst wenn Kommissar Schimanski sie gleich mehrfach und zur besten Sendezeit in die deutschen Wohnzimmer schleudert. Aber wissen wir, ob Schimanski selbstsicher und souverän wirken möchte? Also: Alle Begriffe, die unsere Großeltern für unanständig halten, schaden einem souveränen Auftritt. So einfach ist die Regel. Dann gibt es noch positive und negative Formulierungen. Wer immerzu negativ, im Konjunktiv und mit »Weichmachern« spricht, stellt sich als jemanden dar, die oder der auf der Schattenseite des Lebens steht:

- »Ich könnte mir eigentlich nicht vorstellen, dass diese Kampagne viele Freunde gewinnt.«
- »Ich hatte nicht die Zeit, das ausführlich zu durchdenken, hätte aber ein ungutes Gefühl, wenn ich an die Kosten denke, die da womöglich auf uns zukommen.«
- »Irgendwie gefällt mir die Idee, vielleicht sollte mal jemand ...«

Argumentieren Sie positiv, mit einfachen Worten und kurzen Sätzen. Begründen Sie Ihre Meinung, ergänzen Sie diese mit Beispielen und anschaulichen Bildern:

- »An der Idee ... gefällt mir besonders ... Schwierigkeiten bekommen wir mit ... Und dies aus zwei Gründen. Erstens ...«

- »Die Umsetzung des Vorschlags verursacht Kosten, die ich noch nicht abschließend ermittelt habe. Aus heutiger Sicht ...«
- »An dieser Idee gefallen mir zwei Dinge besonders. Erstens ... Zweitens ... Deshalb bin ich bereit ...«

Der rote Faden

Beim Thema bleiben: Wer mit seinen Äußerungen während der Präsentation vom roten Faden abweicht, vom Hundertsten zum Zehntausendsten gelangt, immer wieder neue Themen anspricht, ziellos einfach drauflosplappert, passt vielleicht in das Bild des kreativen Medienmachers, wird aber eher auf ein mitfühlendes Lächeln stoßen und nicht ganz ernst genommen. Halten Sie sich also an die Vorgaben Ihres Manuskripts.

Lassen Sie sich Zeit! Der Altrocker Neil Young singt in einem Lied: »When I was fast I was always behind.« Souveräne Menschen wirken so, als ob sie alle Zeit der Welt hätten, selbst wenn ihr Auftritt in einer Präsentation oder in einem Gespräch nur zehn Minuten dauert. Sie »verfügen« einfach in diesen zehn Minuten über alle Zeit der Welt. Also keine Hetze. Vermitteln Sie Ruhe, verzichten Sie nicht auf Ihre kleinen Pausen, sprechen Sie konzentriert und mit festem Blickkontakt. Und sprechen Sie nur über das, was in einer Situation wirklich gesagt werden muss, über mehr nicht. Da reichen häufig sogar fünf Minuten.

Üben, üben, üben

Haben Sie schon einmal eine Präsentation vorher geübt? Wenn ja, dann wissen Sie um die positiven Auswirkungen: Sie gewinnen Selbstsicherheit und Ruhe für den eigentlichen Auftritt. Wenn nein, dann sollten Sie es einmal probieren. Auch wenn die Zeit knapp ist und der Feierabend eigentlich für etwas anderes vorgesehen war. Unsere Empfehlung: Üben Sie wichtige Präsentationen mindestens einmal vollständig. Prüfen Sie dabei, ob Ihre Gedanken einen sinnvollen Zusammenhang bilden, ob Ihre Visualisierungen zu Ihren mündlichen Ausführungen passen und ob Sie die Zeit einhalten. Eine andere Möglichkeit ist auch, eine sehr wichtige Präsentation gemeinsam mit einem Kollegen oder einem professionellen Präsentations-Coach vorzubereiten und einzuüben. Ein solches Präsentations-Coaching hat sich im betrieblichen Alltag bei Präsentationen bewährt, bei denen viel auf dem Spiel steht und nichts schiefgehen darf.

Störungen und kleine Katastrophen – Was tun, wenn die Welt zusammenbricht?

Im Folgenden haben wir uns mit einigen Pannen, Störungen, Missgeschicken und »Katastrophen« auseinandergesetzt, vor denen viele Präsentatoren Angst haben und die auch »alten Hasen« im Präsentationsgeschäft noch den kalten Schweiß auf die Stirn treiben können. Die Ereignisse treten zwar höchst selten auf – das schon mal vorab zur Entwarnung –, aber wenn sie eintreten, haben sie immensen Stör- und Verunsicherungscharakter. Hier eine kleine Auswahl mit Tipps für Ihre Reaktionen.

Situation 1: Sie sind Teil einer Reihe von Präsentationen und die vor Ihnen Präsentierenden benötigen mehr Zeit als geplant.

- Wollen Sie eigentlich noch auftreten? Können Sie um einen anderen Termin bitten? Gelegentlich ist das möglich und eröffnet neue Chancen beim zweiten Anlauf. Aber es geht nicht immer, dann müssen Sie auf die Bühne.
- Auf keinen Fall sollten Sie sich vornehmen, die Präsentation durch schnelles Reden und Durchklicken am Laptop in der Hälfte der Zeit zu schaffen. Sie müssen kürzen und dabei hilft die Besinnung auf das Ziel. Überlegen Sie sich, welche der weniger zielführenden Informationen gestrichen werden können. Sie werden erstaunt sein, wie viele Redundanzen Sie noch in Ihrer Präsentation finden. Die jeweiligen PowerPoint-Charts packen Sie an das Ende der Präsentation. Eine Präsentation kann dann im Extremfall nur aus der Einleitung und dem Chart für die Zusammenfassung bestehen, an dem dann die wichtigsten Inhalte erläutert werden.
- Sie sollten kurz darüber nachdenken, was Sie im Sinne einer erfolgreichen Nachbereitung ankündigen können. Beispielsweise einen neuen Termin, eine Gesprächsrunde oder persönliche Treffen. Oder wie Sie den Teilneh-

mern die komplette Präsentation in einem anderen Kontext zugänglich machen können: beispielsweise mit Erläuterungen im Kommentarfeld, mit einer zusätzlichen Beschreibung im begleitenden Mailtext oder mit einer Verlinkung im Intranet.

Situation 2: Die Technik funktioniert nicht.

- Wir empfehlen, dass Sie bei sehr wichtigen Präsentationen immer Ersatzvisualisierungen (zum Beispiel OHP-Folien, Plakate) zur Hand haben. Damit verringert sich Ihre Abhängigkeit von der Technik deutlich.
- Überlegen Sie, wie Sie die technisch ausgefallene PowerPoint-Präsentation mithilfe eines Flipcharts durchführen können. Die PowerPoint-Version können Sie den Teilnehmern im Nachgang immer noch zuschicken. Und wer weiß: Sie wären nicht die oder der Erste, deren Flipchartpräsentation für mehr Aufmerksamkeit sorgt, als die herkömmliche und dem Publikum zur Genüge vertraute PowerPoint-Aktion. So kann sogar aus der kleinen Krise eine Chance werden.
- Sollten Sie dennoch die Präsentation ohne Visualisierung durchführen müssen, verwenden Sie vermehrt Sprachbilder (Metaphern). Denn die Visualisierung dient in erster Linie dazu, bildhafte Informationen zu übermitteln.
- Für den Fall, dass die Technik nur zeitweise ausfällt und es Hoffnung auf Rettung gibt: Bieten Sie zuerst eine Kaffeepause an, versuchen Sie, die Panne alleine oder mit der Hilfe anderer zu beheben, und machen Sie dann einfach ohne großartige Entschuldigungsfloskeln weiter.
- Allerdings gibt es dennoch Präsentationen, die dann nicht stattfinden können. Sie müssen um einen neuen Termin bitten. Bieten Sie an, bei diesem neuen Termin sozusagen »als Entschädigung« mehr zu bieten als bei der ersten ausgefallenen Präsentation.
- Dass Sie bei der Vorbereitung Ihrer Präsentation einiges tun können, damit alles reibungslos funktioniert, haben wir an anderen Stellen des Buches schon geschrieben (Medieneinsatz, Vorbereitung des Präsentationsraumes). Hier erleben wir in der Praxis immer wieder, dass etwas übertriebene Vorsicht, also das »doppelt genähte Vorgehen«, genau das ist, was Sie bei der Vorbereitung Ihrer Präsentation unternehmen sollten.

Situation 3: Sie bleiben hängen, oder sie verlieren den roten Faden.

- Auf alle Fälle nicht den Atem anhalten, sondern erst mal »tieeeef« durchatmen und sich im Raum bewegen.
- Sie können an dieser Stelle auch einen Schluck Wasser trinken.
- Nehmen Sie Ihr Manuskript, suchen ohne Kommentar die Stelle, an der Sie gerade sind, und lesen laut die Überschrift des nächsten Charts vor. Dann können Sie den Anwesenden erklären, was diese sehen. So kommen Sie Schritt für Schritt wieder zurück ins Thema.
- Sie können auch das zuletzt Gesagte, das letzte Chart, mit anderen Worten wiederholen oder einen längeren Abschnitt kurz zusammenfassen. »Mir ist an dieser Stelle wichtig, noch einmal die Besonderheit des letzten Charts hervorzuheben. Nämlich … Was heißt das nun für … ?«
- Aussprechen: »Ich bin gerade etwas aus dem Konzept gekommen …«, »Ich setze nochmals neu an …«.
- Machen Sie sich bewusst, dass die Mehrzahl der Zuhörenden in der Regel nicht merkt, dass Sie den roten Faden verloren haben oder etwas auslassen. Wenn dem Publikum ein inhaltlicher Punkt fehlt, dann wird es nachfragen, und Sie werden sicher und souverän Rede und Antwort stehen. Und ganz wichtig: Es gibt kaum ein Publikum, das nicht mit der Rednerin und dem Redner bangt und die Daumen drückt, dass es gleich wieder weitergeht.
- Wichtig: Vermeiden Sie auf jeden Fall ausführliche Entschuldigungen wie »Oje, das ist mir jetzt außerordentlich unangenehm, dass ich den roten Faden …« Da das Publikum kaum bemerkt hat, was Ihnen passiert ist, kann es mit derartigen Szenen wenig anfangen. Sie verstören und führen erst das Unbehagen herbei, für das Sie um Verzeihung bitten wollen. Grundsätzlich gilt: Erlauben Sie sich jede Pause, die Sie brauchen, um Ihren Faden wieder zu finden, und machen Sie dann einfach weiter. Sie können das sogar kurz ausdrücklich ankündigen: »Ich nehme mir gerade mal zehn Sekunden, um wieder dort anzusetzen, wo ich den roten Faden verloren habe …«

Situation 4: Sie versprechen sich.

Sie machen gar nichts. Sie reden einfach weiter. Sie fangen den Satz noch einmal von vorne an und erläutern Ihre Inhalte. In einer mündlichen Rede, in einem Gespräch werden Versprecher als Teil eines lebendigen, engagierten Ausdrucks akzeptiert, wenn sie überhaupt bemerkt werden.

Situation 5: Die Hälfte der Teilnehmer hat die Notebooks aufgeklappt und ist in die Tastatur vertieft, statt Ihnen ungeteilte Aufmerksamkeit zu schenken.

- Diese in der letzten Zeit immer häufiger anzutreffende Situation ist individuell sehr unterschiedlich zu gestalten: a) abhängig von Ihnen, Ihrem Mut und Ihrer Verstimmung; b) abhängig von den Zuhörern, deren benötigter Aufmerksamkeit und deren Wohlwollen.
- Machen Sie eine kurze Pause, und thematisieren Sie die Situation. Fragen Sie die Teilnehmer, was diese brauchen, um Ihnen uneingeschränkt zuhören zu können. Bitten Sie die Teilnehmer höflich, die Laptops zur Seite zu legen.
- Die Zuhörer rhetorisch fragen, wie sie so eine Situation an Ihrer Stelle angehen würden. Dann eine tragfähige Vereinbarung schließen.
- Sich konsequent und strikt auf die Zuhörer konzentrieren, die aufmerksam zuhören, und vor allem auf diejenigen, die Ihnen auch noch interessiert und wohlwollend lauschen. Die anderen einfach ignorieren.
- Auf keinen Fall mit scharfen oder ironischen Nebensätzen und Bemerkungen dem aufgestauten Ärger Luft machen; zum Beispiel bei der Nachfrage eines Notebookbenutzers antworten mit: »Wie diejenigen, die aufmerksam zugehört haben, bereits wissen, sind wir folgendermaßen …«
- Wenn Sie die Macht und Möglichkeit haben, können Sie die Präsentation freundlich und bestimmt beenden.

- Aber vielleicht erleben Sie diese Situation ja gar nicht als Katastrophe? Vielleicht gehören Sie zu denjenigen, die beim Telefonieren am Laptop weiterarbeiten, die im Blackberry nach E-Mails suchen, während jemand anderes Ihnen etwas erzählt, die sich für multitaskfähig halten und als »Simultanten« mehrere Dinge gleichzeitig tun können, also auch am Laptop arbeiten und nebenbei so eine nette Präsentation aufnehmen. Und jetzt? Jetzt sind wir als Autoren gespannt, was für Tipps Sie vielleicht zusätzlich zu den oben beschriebenen haben. Mailen Sie uns einfach Ihre Erfahrungen und Vorschläge an folgende Adresse: train.bonn@train.de.

Situation 6: Es herrscht eine große Unruhe im Raum (Murmeln, Geräuspere, Rascheln mit Papier, Kommen und Gehen).

- Eine bemerkbare Pause machen, die länger ist als sieben Sekunden! Sieben Sekunden sind sowohl für den Präsentierenden wie auch für sein Publikum eine extrem lange Zeit, in der alle die Unruhe nochmals sehr bewusst bemerken können. Dann laut und kräftig weitermachen.
- Leiser werden – eine Alternative zum Schweigen – und darauf bauen, dass sich die Teilnehmer selbst disziplinieren und für Ruhe sorgen.
- Direkt ansprechen, dass Sie die Unruhe bemerkt haben, und nachfragen: »Welche Fragen kann ich für Sie klären, damit Sie wieder in der Präsentation folgen können?«, »Was brauchen Sie im Moment, um mir wieder ungeteilte Aufmerksamkeit zukommen zu lassen?«, »Ich sehe, hier herrscht großer Diskussionsbedarf. Welche Fragen sind zurzeit noch offen?«.
- Was die Zuspätkommer angeht: Überlegen Sie, ob diese Menschen so wichtig sind, dass Sie mit wenigen (!) Sätzen den Stand der Präsentation darstellen wollen, um dann weiterzumachen. Bei allen anderen: kurz zunicken, das Erscheinen freundlich zur Kenntnis nehmen und weitermachen.
- Und diejenigen, die zu früh gehen? Bleiben Sie ruhig, souverän, und machen Sie gut verständlich und engagiert weiter.

Situation 7: Die von Ihnen angebotene oder sogar dringend erbetene Regel: »Bitte Fragen erst im Anschluss an die Präsentation stellen«, wird nicht eingehalten, Sie werden zunehmend durch Fragen unterbrochen, die Ihnen den Fluss der Darstellung erschweren und die Zeiteinhaltung massiv gefährden.

- Sich kritisch prüfen, wie Sie durch Ihre Reaktion auf die ersten Fragen zu diesem Verhalten beigetragen haben. Eventuell ansprechen: »Entschuldigen Sie bitte, ich habe gerade durch meine ersten spontanen Antworten selbst die Regel verletzt, die Fragen erst im Anschluss an die Präsentation zu beantworten.« Und dann wieder zu dem ursprünglichen Verfahren zurückkehren: »Ich darf Sie jetzt wieder bitten, Ihre Fragen bis zur Diskussionsphase zurückzustellen.«
- Wenn Sie merken, dass der Klärungsdruck bei der Zielgruppe zu groß ist, eine ausdrückliche kurze Fragerunde einbauen, die Fragen sammeln und »blockweise« beantworten.

- Nochmals begründen, warum es wichtig ist, dass Sie zunächst Ihre Darstellungen zu Ende bringen können und dann erst Fragen zu stellen. Dies bietet sich immer dann an, wenn es einen inhaltlich zwingenden Grund für dieses Vorgehen gibt; zum Beispiel wenn die Gesamtsystematik einer Darstellung erst verstanden werden muss.
- Auf die Gefahr hinweisen, dass Sie bei weiteren Fragestellungen und Beantwortungen die Zeit hoffnungslos überziehen. Den Teilnehmern, die Fragen stellen, ist diese Folge häufig nicht bewusst.
- Und wenn alles nichts nützt und womöglich auch sehr wichtige Menschen im Publikum unbedingt diskutieren wollen? Dann machen Sie eine supergute Miene zum unangenehmen Spiel und kämpfen sich mit eleganten Antworten und Ihrer Präsentation tapfer bis zum Ende durch.

Wenn das Publikum aktiv wird: Fragen und Kritik sicher begegnen

- Fragen, Einwände, Kritik und Diskussion – ein lästiges Übel oder zu wenig beachtete Chance?
- Zur Vorbereitung auf die Frage- und Diskussionsrunde
- Sie leiten die Frage- und Diskussionsrunde – 10 Tipps
- Das Präsentationsteam antwortet – sieben Tipps
- Kritische Fragen und Einwände – Sie sind Beziehungsmanager
- Ein umfassendes Phasenkonzept für die Einwandbehandlung
- Bei kritischen Fragen aktiv antworten statt passiv reagieren – der Fünfsatz

Fragen, Einwände, Kritik und Diskussion – ein lästiges Übel oder zu wenig beachtete Chance?

Nachdem Sie bei Ihrer Präsentation Ihren Schlussappell gesprochen haben, wird sich wahrscheinlich eine Frage- oder Diskussionsrunde anschließen. Auf Fragen und Einwände können Sie natürlich auch während Ihrer Ausführungen eingehen, wenn ein solches Vorgehen zu Ihrer Dramaturgie passt oder Ihre Kunden dies ausdrücklich wünschen.

In einer ausführlichen Frage- und Diskussionsrunde haben Sie die Möglichkeit,

- aus Zeitgründen zurückgestellte Informationen auf Nachfragen zu ergänzen;
- Verständnisfragen aus dem Publikum zu beantworten;
- eine Diskussion über kontroverse Inhalte Ihrer Präsentation zu führen;
- auf Einwände oder Vorbehalte gegen Teile Ihrer Ausführungen einzugehen;
- weitere Informationen zu geben, die das Erreichen des Ziels und Ihre Anliegen unterstützen können.

Für Ihre Präsentationspraxis bedeutet dies, dass Sie die Frage- und Diskussionsrunde genauso sorgfältig vorbereiten wie die Darstellungsphase. Denn ein guter Eindruck, den Sie und Ihre Ideen bei Ihrem Publikum während Ihrer Darstellung erzielt haben, kann durch eine unbefriedigend ablaufende Diskussion oder Fragerunde wieder verloren gehen. Sie können die Frage- und Diskussionsrunde aber auch als weiteren Verstärker nutzen. Umgekehrt kann eine lebendige und substanzreiche Diskussion den Erfolg einer guten Präsentation nicht nur verstärken, sondern auch schwächere Darbietungen kompensieren.

Sie erhalten während der Diskussion eine Fülle von interessanten Informationen und Rückmeldungen. Sie können zum Beispiel erfahren,

- wie Ihr Publikum Ihre Ausführungen verstanden hat oder auch
- inwieweit Ihre Argumente Ihr Publikum überzeugen konnten.

Ihnen bietet sich somit die Chance,

- Ihre konkreten Präsentationsziele durch die Beantwortung von Fragen oder durch die Diskussion weiterzuverfolgen;
- Ideen für Maßnahmen nach der Präsentation zu sammeln.

Die Frage- und Diskussionsrunde leistet aber noch mehr:

- Sie können in dieser Phase auf die Bedürfnisse der Teilnehmer Ihrer Präsentation eingehen. Bisher mussten jene mehr oder weniger ruhig zuhören. Jetzt können sie loswerden, worauf sie noch sitzen. Sie können Unklarheiten beseitigen, Betroffenheit und Zustimmung äußern. Die Anwesenden können an dieser Stelle ihr *eigenes* Interesse äußern und ihre *eigenen* Überlegungen darstellen.
- Indem Sie Ihrem Publikum diese Möglichkeit einräumen, zeigen Sie ihm gegenüber Ihre Wertschätzung. Sie nehmen Ihr Publikum ernst. Und das kommt letztlich Ihren eigenen Zielen zugute.

»Übel oder Chance?« Wir meinen, dass die Fragerunde und Diskussion für den Präsentierenden eine große Chance darstellen, sich selbst darzustellen und weiter am Erreichen seiner Ziele zu arbeiten, auch über die konkrete Veranstaltung hinaus. Zum »Übel« allerdings kann die Diskussion, können vor allem kritische Fragen und Einwände werden, wenn sich der Präsentierende unzureichend darauf vorbereitet. Und wiederum zu einer Chance können kritische Fragen und Einwände werden, wenn der Präsentierende ein paar Tipps verfolgt, die wir auf den nächsten Seiten anbieten.

Zur Vorbereitung auf die Frage- und Diskussionsrunde

Eine Haltung wie »Ich bin mal gespannt, was da alles an Fragen kommt« wird mit großer Wahrscheinlichkeit dazu führen, dass Sie unsicher, angespannt und vielleicht sogar nervös in die Frage- und Diskussionsrunde gehen, sich diese Unsicherheit vielleicht schon während der gesamten Präsentation anmerken lassen. Noch schlimmer wäre die Einstellung: »Hoffentlich kommen diesmal nicht so kritische Fragen. Na ja, wird ja vielleicht gut gehen!« Wie für die eigentliche Präsentation gilt: Je besser Sie sich vorbereiten, desto aufgeschlossener und souveräner werden Sie diese Phase gestalten.

Bereiten Sie sich schon vor Beginn der Präsentation mithilfe der drei folgenden Punkte vor:

1. »Welche Fragen, Einwände oder Bedenken können die Teilnehmer meiner Präsentation vorbringen?« Es lässt sich zwar nicht mit absoluter Sicherheit sagen, was genau gefragt wird. Aber Sie können sich auf mögliche oder sogar wahrscheinliche Fragen und Einwände aus dem Publikum vorbereiten. Und erfahrungsgemäß liegen Sie dabei gar nicht so falsch. Was Sie auf jeden Fall erreichen, ist ein Mehr an Sicherheit, mit dem Sie in die Präsentation und in die Frage- und Diskussionsrunde gehen werden. Sammeln Sie also so viele Fragen wie möglich, und formulieren Sie laut und deutlich Ihre Antworten. Sie erleben dabei, wie Ihre Antworten klingen, wo sie vielleicht noch verbessert werden müssen, um richtig gut rüberzukommen. Wenn Sie sich im Team vorbereiten, lassen Sie die anderen die Fragen stellen, und wechseln Sie dabei immer wieder die Rollen.

2. Überlegen Sie anschließend: Welche Fragen möchte ich gerne hören? Bei welchen Fragen kann ich mit meinen Antworten richtig »groß rauskommen«? Überlegen und notieren Sie sich möglichst viele Fragen, von denen Sie möchten, dass sie Ihnen gestellt werden. Überlegen Sie sich auch dazu Antworten, und sprechen Sie diese laut vor. Genießen Sie schon im Vorfeld der Präsentation das gute Gefühl, kompetent und souverän antworten zu können.

3. Jetzt ist Ehrlichkeit gefragt: Listen Sie – am besten zusammen mit anderen – so viele Fragen wie nur möglich auf, die Sie ins Schwitzen bringen könnten. Erfahrungsgemäß braucht es etwas Zeit, um auch für die unangenehmsten Einwände pfiffige Antworten zu finden. Diese sollten Sie dann mehrmals laut aussprechen. Damit treffen Sie Vorsorge, dass solche Fragen Sie nicht kalt erwischen. Außerdem stärkt eine derart intensive Vorbereitung Ihre Sicherheit und mindert gehörig so manches Lampenfieber.

»Was halten Sie von der Idee, die Teilnehmer vorher zu fragen, was sie denn fragen werden?«

»Eine gute Idee, die je nach konkreter Situation sinnvoll sein kann. Rufen Sie wichtige Teilnehmer an und laden diese persönlich zur Präsentation ein. Dabei können Sie auch vorsichtig nach besonderen Wünschen und Anliegen hinsichtlich des Themas fragen. So sind Sie zumindest schon einmal vorgewarnt. Und so eine Vorabbefragung hilft natürlich auch bei der inhaltlichen Vorbereitung.«

Sie leiten die Frage- und Diskussionsrunde – 10 Tipps

Für den Fall, dass Ihre Veranstaltung nicht von einem Moderator begleitet wird, der auch die Diskussionsrunde verantwortet, sind Sie für den Ablauf der Fragerunde und Diskussion verantwortlich. Schließlich ist die Präsentation auch ganz Ihre Veranstaltung. Und die Art, wie Sie als Diskussionsleiter auftreten, wie Sie strukturiert und bestimmt vorgehen, gleichzeitig allen Anwesenden gegenüber Wertschätzung zeigen, bildet einen zusätzlichen Baustein Ihrer professionellen Erscheinung. Dazu zehn Tipps für Ihre Praxis:

Tipp 1: Beginnen Sie die Frage- und Diskussionsrunde mit einer knappen Einleitung. Vergessen Sie nicht, auf die zur Verfügung stehende Zeit hinzuweisen.

Eröffnen Sie die Frage- und Diskussionsrunde dann mit einer *offenen Frage*. Sie beginnt in der Regel mit einem Fragewort:

- »Welche Informationen benötigen Sie noch?«
- »Zu welchen Teilen meiner Ausführungen haben Sie Fragen?«

Tipp 2: Gelegentlich macht es Sinn, die Fragerunde deutlich von der Diskussion einzelner Teile Ihrer Ausführungen zu trennen.

Damit können zuerst alle Unklarheiten beseitigt werden, bevor über einzelne Punkte intensiver diskutiert wird. Bitten Sie also darum, dass Sie zuerst einmal sämtliche Verständnisfragen klären dürfen. Damit schaffen Sie einen für alle Anwesenden gleichen Wissensstand. Ein positiver Nebeneffekt dieses Vorgehens: So mancher kritische Einwand, der auf inhaltlichem Missverständnis beruht, unterbleibt.

Tipp 3: Sie können Fragen zu einem Themenkomplex sammeln und sie dann gemeinsam beantworten.

Dieses Vorgehen bietet sich besonders bei großen Gruppen und gleichzeitig knapper Zeit an.

Tipp 4: Eine Variante dieses Vorgehens besteht darin, Fragen und Diskussionsbeiträge durch die Teilnehmer auf Karten schreiben zu lassen, diese einzusammeln und anschließend blockweise zu beantworten.

Mit einem solchen Vorgehen gewährleisten Sie Anonymität, was besonders bei einem Publikum mit mehreren Hierarchieebenen zweckmäßig sein kann. Außerdem ermöglicht dieses Vorgehen allen denjenigen die Teilnahme an der Frage- und Diskussionsrunde, die besonders in großen Gruppen Hemmungen haben, sich mündlich zu äußern. Ein Nachteil: Die Kartensammlung kostet relativ viel Zeit.

Tipp 5: Sie können Fragen, die nicht unmittelbar mit dem diskutierten Thema oder der aktuellen Präsentation zusammenhängen, in einem sogenannten Fragenspeicher parken.

Dazu begründen Sie, dass Sie zuerst alle Fragen und Beiträge behandeln wollen, die mit Ihrem Thema und der Präsentation zu tun haben, und auf zusätzliche Fragen gerne später noch eingehen. Um diese nicht zu vergessen, notieren Sie stichwortartig und möglichst für alle sichtbar die Frage. Am Ende der Frage- und Diskussionsrunde klären Sie, wann und wie das jeweilige Teilnehmeranliegen behandelt werden soll.

Tipp 6: Sie können Diskussionsbeiträge aus der Diskussion ausklammern, die offensichtlich nur Einzelinteressen betreffen und die den zeitlichen Rahmen ungebührlich sprengen.

Bieten Sie dabei höflich die Behandlung des Beitrags in einem anschließenden Gespräch oder zu einer anderen Gelegenheit an.

Tipp 7: Nutzen Sie auch während der Frage- und Diskussionsrunde die Medien, die Ihnen zur Verfügung stehen, und visualisieren Sie wichtige Gesichtspunkte.

Dazu können gehören:
- der zeitliche Rahmen der Runde,
- sämtliche Diskussionspunkte, über die im Publikum Konsens erzielt wurde – beispielsweise unter der Überschrift »Das haben wir schon erreicht«,
- Fragen, die im Fragenspeicher geparkt wurden und später wieder aufgegriffen werden sollen,
- Ergebnisse der Diskussion, beispielsweise bereits jetzt beschlossene Maßnahmen.

Tipp 8: Bemühen Sie sich zum Schluss der Diskussionsrunde um eine Zusammenfassung der wichtigsten Ideen und Argumente.

Stellen Sie dabei die Gemeinsamkeiten und Unterschiede heraus. Heben Sie die Erkenntnisse hervor, die über die von Ihnen präsentierten Inhalte hinausgehen. Damit dokumentieren Sie die gemeinsam mit dem Publikum geleistete Arbeit an Ihrem Thema. Deuten Sie an, in welche Richtung die Arbeit weitergehen wird. Mit einer solchen Zusammenfassung stellen Sie sich selbst als jemanden dar, die oder der an einer konsequenten inhaltlichen Weiterarbeit und Vertiefung interessiert ist. Ihnen ist das »übergeordnete Wohl« des Themas, der Firmeninteressen oder der betreuten Produkte wichtiger als eine zeitlich begrenzte Präsentation.

Tipp 9: Sprechen Sie im Rahmen der Zusammenfassung die noch offenen Punkte an.

Wenn es in Ihrer Macht liegt, sagen Sie auch, wie Sie damit weiter verfahren wollen. Machen Sie so deutlich, dass Sie nichts unter den »Teppich kehren« wollen und dass Sie auch abweichende Meinungen ernst nehmen.

Tipp 10: Ergeben sich aus der Diskussion konkrete Maßnahmen für Sie oder einzelne Teilnehmer, so benennen Sie diese Aktivitäten am Ende der Diskussion.

Nennen Sie dabei die konkreten Aufgaben, die verantwortlichen Personen und die Termine. So schaffen Sie Verbindlichkeiten für die Dinge, die nach der Veranstaltung eventuell geschehen sollen.

Das Präsentationsteam antwortet – sieben Tipps

Sollten Sie die Präsentation im Team durchführen, nutzen Sie den sich damit ergebenden Vorteil für die Fragephase und Diskussion: Antworten Sie gemeinsam! Auch in dieser Situation gelten die zehn Tipps für die Leitung der Diskussionsrunde. Zusätzlich sollten Sie beachten:

Tipp 1: Kündigen Sie zu Beginn der Fragephase an, dass die Fragen und Anmerkungen aus dem Publikum von allen im Team beantwortet werden.

»Wir möchten Ihre Fragen möglichst genau und zu Ihrer vollen Zufriedenheit beantworten und stehen daher alle gemeinsam für Fragen und Diskussionsbeiträge zur Verfügung.« Damit haben Sie die Regel eingeführt, dass sich alle im Team an der Austauschphase beteiligen können, ohne feste Rollenverteilung. Diese Regel sorgt vor allem bei kontroversen Diskussionen für erhebliche Entlastung, da sich alle im Team gegenseitig helfen können.

Tipp 2: Während der Fragerunde und Diskussion sollte der jeweilige Experte reden oder der, der zur aktuellen Frage etwas Kluges zu sagen hat. Das gilt auch, wenn aus dem Publikum ein bestimmter Präsentierender direkt angesprochen wird.

»Herr Hartmann, Sie hatten vorhin die Farbgestaltung der neuen Plakate vorgestellt, wie …?« Für den Fall, dass der Angesprochene nicht (sofort) antworten möchte, kann er mit Blick und weiterverweisender Gestik zu einem Kollegen überleiten, der sofort übernimmt: »Mit dem Thema Farbgestaltung sprechen Sie einen Punkt an, der auch uns im Team lange beschäftigt hat. Wir haben uns dabei …« Erfahrungsgemäß akzeptiert das Publikum dieses Vorgehen, da es spürt, dass sämtliche Fragen kompetent beantwortet werden. Und bei dem hier gezeigten Beispiel kann der angesprochene Herr Hartmann die Antworten des Kollegen immer noch kurz ergänzen und sich so wieder ins Spiel bringen. Die große Kunst eingespielter Gruppen besteht darin, dass das Verteilen von Fragen und vor allem kritischen Einwänden auf die jeweils kompetenten

Kolleginnen und Kollegen fast unmerklich nebenbei erfolgt und so selbstverständlich vonstattengeht, dass das Publikum »die da vorne« als harmonisch zusammenwirkendes Team empfindet.

> **Tipp 3:** Während der Fragerunde und Diskussion sollten sämtliche Teammitglieder auf der Bühne oder sichtbar in der Nähe stehen.

Denn: Alle Mitglieder sollen als Teil des Präsentationsteams wahrgenommen werden.

> **Tipp 4:** Während der Fragerunde und Diskussion sollten alle Teammitglieder konzentriert sämtliche Fragen und Einwände verfolgen und sich innerlich damit beschäftigen.

Abschalten und innerlich aussteigen sollten Sie erst, wenn der letzte Zuschauer den Präsentationsraum verlassen hat. Gleichzeitig sollten alle Teammitglieder zueinander Blickkontakt halten, vor allem zu dem jeweiligen Redner, um bei Bedarf sofort inhaltlich einsteigen zu können.

> **Tipp 5:** Vor allem bei hitzigen Diskussionen und der Gefahr von Zweikämpfen haben die gerade nicht an der Debatte beteiligten Teammitglieder die große Chance, ausgleichend und mit frischer positiver Energie in das Geschehen einzugreifen.

Dazu können Sie die bisherigen Standpunkte wertfrei zusammenfassen, das Engagement aus dem Publikum loben und die inhaltliche Position der eigenen Gruppe vielleicht aus einer neuen Perspektive darstellen. In dieser Zeit kann der vorher hitzig diskutierende Kollege Abstand gewinnen und sich später wieder ruhig und freundlich an der Diskussion beteiligen. Erfahrene und eingespielte Gruppen nutzen die gemeinsame Fragephase also auch, um gegenseitig für ein positives Klima zu sorgen.

> **Tipp 6:** Größere Teams sollten einen Moderator bestimmen.

Ab vier Präsentationsmitgliedern sollte ein Moderator die Fragen und Antworten kanalisieren und allzu heftiges Durcheinanderreden vermeiden.

Eine wichtige Empfehlung möchten wir allen Teams noch mit auf den Weg geben:

Tipp 7: Wenn ein Teamkollege eine Publikumsfrage beantwortet hat und der Fragende aus dem Publikum nicht zu einer Nachfrage ansetzt, belassen Sie es bei der einen Antwort des Kollegen und »schieben Sie nicht ungefragt« eine Ergänzung, einen weiteren Aspekt oder eine Facette hinzu, der womöglich noch eine zweite Ergänzung eines ebenfalls klugen Kollegen folgt.

Auch wenn natürlich jeder im Team Kompetenz zeigen will, haben diese ungefragten Zusatzantworten häufig einen »Totschlageffekt«. Sie behindern eine lebendige und auf die vielfältigen Interessen des Publikums bezogene Frage- und Diskussionsrunde.

»*Klingt ja alles schön und gut. Was aber ist, wenn mein lieber Kollege bei seiner Antwort etwas Falsches, ja sogar richtigen Unsinn erzählt?*«

»*Dann wird es richtig spannend, und Sie müssen sehr schnell nachdenken und reagieren! Erstens: Ist die Antwort so falsch, dass sie eine Richtigstellung verlangt, oder kann man die Antwort erst einmal unkommentiert so stehen lassen? Im letzten Fall schweigen Sie. Zweitens: Verlangt die Antwort des Kollegen zwar eine Richtigstellung, ist aber eigentlich inhaltlich nicht problematisch, so sollte Ihr Wortbeitrag so weich wie möglich formuliert sein, also könnten Sie sagen: ›Ich möchte den Punkt … an der Stelle ergänzen, wo es um die … geht. Wir hatten uns im Team bewusst dafür …‹ Sprechen Sie also von ›ergänzen‹, ›weiterführen‹, ›vertiefen‹, auf keinen Fall jedoch von ›richtigstellen‹. Die Maxime Ihres Handelns ist die Loyalität zum Team und zum Unternehmen, nicht unbedingt zur richtigen Zahl.*«

»*Schön und gut bei kleinen Delikten! Was aber, wenn der ausgesprochene Fehler des Kollegen, so stehen gelassen, böse Konsequenzen haben kann?*«

»*Dann werden Sie deutlicher, dies jedoch, ohne den Kollegen an die Wand zu fahren und die Gruppe in Misskredit zu bringen. Je nach konkreter Situation können Sie eine kurze Auszeit beantragen, um Ihrem Kollegen einen Tipp zu geben, damit sich dieser selbst korrigieren kann. In diese Richtung könnte auch Ihre Anmerkung zu seiner aus Ihrer Sicht problematischen Antwort gehen. Ungefähr so: ›Ich möchte das bisher Gesagte deutlich unterstützen. Vor allem ist uns im Team wichtig …*

(positive Stimmung, Stützung Ihres Kollegen) *Bei dem Punkt … bin ich mir im Moment unsicher* (Blick zum Kollegen, etwas bis sehr intensiv), *dort, wo es um die Kosten für … ging. Wenn ich das richtig verstanden habe, sind wir von einer Kalkulation von … ausgegangen* (wieder intensiver Blick zum Kollegen) *…‹. Hier hoffen Sie, dass der Kollege seinen Fehler merkt und selbst mit einer Korrektur einspringt. Etwas direkter werden Sie, indem Sie Ihren Kollegen selbst fragen und einleiten wie: ›Herr … Für mich zum Verständnis. Ist in der Zahl, die Sie gerade genannt haben, die Mehrwertsteuer enthalten, oder kommt diese noch hinzu?‹ Was in diesen Beispielen jedoch so leicht klingt, erfordert in der Praxis viel Vertrauen untereinander und noch viel mehr gegenseitige Aufmerksamkeit während der Präsentation und der Fragephase.«*

»Hier ist also Diplomatie gefragt?«

»Unbedingt. Sie helfen sich alle gegenseitig. Das macht das Antworten im Team so stressfrei und gelegentlich richtig angenehm.«

Kritische Fragen und Einwände – Sie sind Beziehungsmanager

Nicht immer werden alle Teilnehmer der gleichen Meinung sein wie Sie. Sie werden möglicherweise fragen, nachfragen, bohren, vielleicht sogar nerven und lauter werden. Und sie werden auch gegenteilige Ansichten äußern! Warum sie dies tun? Hier einige Motive der Fragenden, die hinter den als »kritisch« empfundenen Fragen und Diskussionsbeiträgen oft liegen können:

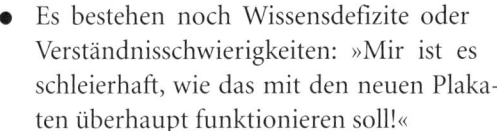

- Es bestehen noch Wissensdefizite oder Verständnisschwierigkeiten: »Mir ist es schleierhaft, wie das mit den neuen Plakaten überhaupt funktionieren soll!«
- Das Publikum möchte insgesamt noch mehr zum Thema hören: »Das war mir bisher viel zu knapp. Mich interessiert vielmehr …«
- Die Tragfähigkeit einer vorgestellten Lösung wird auf diese Weise ausgetestet: »Einmal angenommen, unsere Mitbewerber würden … Wie kann dann in aller Welt …«
- Der gehörte Inhalt steht im Gegensatz zu einer bisher erlebten Praxis: »Seit Jahren haben wir unsere Werbung erfolgreich … Und jetzt wollen Sie allen Ernstes was ganz Neues starten …«
- Prüfung, ob die vorgestellte Lösungen eigenen Vorgehensweisen überlegen sind: »In unserer Abteilung konnten wir den Umsatz … Wie wollen Sie mit Ihrer Idee sicherstellen, dass wir in den nächsten Monaten …«
- Die Beweisführung erscheint dem Publikum noch nicht schlüssig: »Wie Sie die Kampagne anfahren wollen, habe ich verstanden. Warum nach der Plakataktion allerdings als nächster Schritt …, ist mir vollkommen unverständlich.«

Genau betrachtet handelt es sich bei allen hier aufgelisteten Motiven um sehr positive und eigentlich doch »sympathische« Anliegen aus dem Publikum. Die Anwesenden sind an weiteren Inhalten, an Informationen über Konsequenzen oder an Gründen, das eigene Verhalten zu verändern, interessiert. Damit ließe sich gut arbeiten, wenn nicht die eine oder andere Wahl der Worte, vielleicht noch in Verbindung mit einer angespannten Stimme und einem nicht allzu liebenswürdigen Blick beim Präsentierenden negativ ankommen würde. Ein »rotes«, also unfreundliches Signal, auf das man trefflich »rot«, also ebenso unfreundlich antworten könnte: »Sie haben mich völlig falsch verstanden. Außerdem habe ich das schon mehrmals in der Präsentation dargestellt!« Worauf der Fragende ebenso »rot« entgegnet: »Das haben Sie nicht, und außerdem stimmen Ihre Behauptungen über die Mängel der ersten Werbekampagne hinten und vorne nicht!« Jetzt wird es spannend, vor allem für das Publikum, das neugierig einem ordentlichen Streitgespräch zuzuschauen wünscht.

Grundsätzlich lautet unsere Empfehlung für die gesamte Fragerunde und Diskussion: Bleiben Sie dem Fragesteller gegenüber immer sachlich, fair und freundlich. Halten Sie auch dann am Wertschätzungsgebot fest, wenn es bei der anderen Seite einmal laut wird. Also keine »spitzen« Bemerkungen, keine Zweikämpfe, keinen versteckten Tadel an den Fragenden, keine Streitgespräche, wo ein lautes Wort das andere ergibt! Respektieren Sie abweichende Meinungen aus dem Publikum, und akzeptieren Sie eine andere Perspektive, eine andere Sicht der Dinge und vor allem einen anderen oder gar geringeren Informationsstand aufseiten des Publikums.

Wohlgemerkt: Wertschätzung heißt nicht nachgiebig, weich oder zurückhaltend sein. In der Sache bleiben Sie klar und eindeutig. Dem Einzelnen begegnen Sie mit dem gleichen Respekt, den Sie auch allen anderen im Publikum entgegenbringen. Diese Wertschätzung – bei gleichzeitiger inhaltlicher Klarheit und Entschlossenheit – wirkt zum einen positiv auf den Fragesteller und macht zum anderen einen sicheren und souveränen Eindruck bei allen anderen Teilnehmern der Veranstaltung.

Sehen Sie sich besonders während einer engagierten oder gar hitzigen Debatte als »Beziehungsmanager«. Denn zusätzlich zu Ihrer inhaltlichen Kompetenz während der Präsentation werden Sie jetzt vor allem an der Art und Weise gemessen, wie Sie mit Kritik und den Kritikern umgehen.

Das gilt beispielsweise auch für beliebte, jedoch beziehungsschädigende Redewendungen:

- Also statt »Sie haben mich völlig falsch verstanden!« können Sie auch formulieren: »Ich möchte für alle im Raum noch einmal das Vorgehen während der Plakataktion darstellen, weil die Auswirkungen auf die Abteilungen …«

- Statt »Jetzt passen Sie einmal auf, was ich Ihnen zu sagen habe!« ginge auch: »Von den drei bisher vorgestellten Argumenten ist mir ganz besonders wichtig …«
- Statt »Das können Sie so nicht behaupten!« wäre möglich: »Wenn ich Ihr Argument richtig verstanden habe, dann meinen Sie … Wir in der Arbeitsgruppe sind dagegen der Ansicht, dass …«
- Statt »Nein, da sind Sie völlig falsch informiert …« wirkt wertschätzender: »Ich verstehe Sie folgendermaßen … Erlauben Sie mir, dazu meinen Informationsstand vorzustellen. Zu Punkt eins …«

»Das mit den Motiven leuchtet mir ein. Hinter vielen Fragen, die auf den ersten Blick kritisch und hart klingen, steckt häufig ein gut zu akzeptierendes Motiv, das der Fragende aus welchen Gründen auch immer nicht angemessen verpacken konnte. Da macht das mit der Wertschätzung Sinn. Was ist aber, wenn der Fragende mich in einer Präsentation bewusst ›abschießen oder runterbügeln‹ möchte, also richtig unlautere Motive für seine kritischen Fragen hat, diese natürlich nicht öffentlich macht?«

»Dann gelten unsere Hinweise umso mehr: Sie sind und bleiben Beziehungsmanager, verhalten sich wertschätzend, in der Sache jedoch klar und deutlich. Denken Sie daran, dass Sie ja immer auch der gesamten Gruppe gegenüber verantwortlich sind und von dieser beurteilt werden. Das gilt dann auch für den Fragenden, der je nach Situation mal mehr oder weniger verdeckt agieren kann, um sich nicht bei den anderen unbeliebt zu machen.«

»Wenn er das nicht schon ist!«

»Richtig. Aber natürlich ist das Wertschätzungsgebot nur ein Teil Ihres Verhaltens. Wir möchten Ihnen auf den folgenden Seiten noch das eine oder andere ganz praktische Vorgehen bei der Einwandbehandlung vorstellen, mit dem Sie bei der nächsten Fragerunde arbeiten können.«

Ein umfassendes Phasenkonzept für die Einwandbehandlung

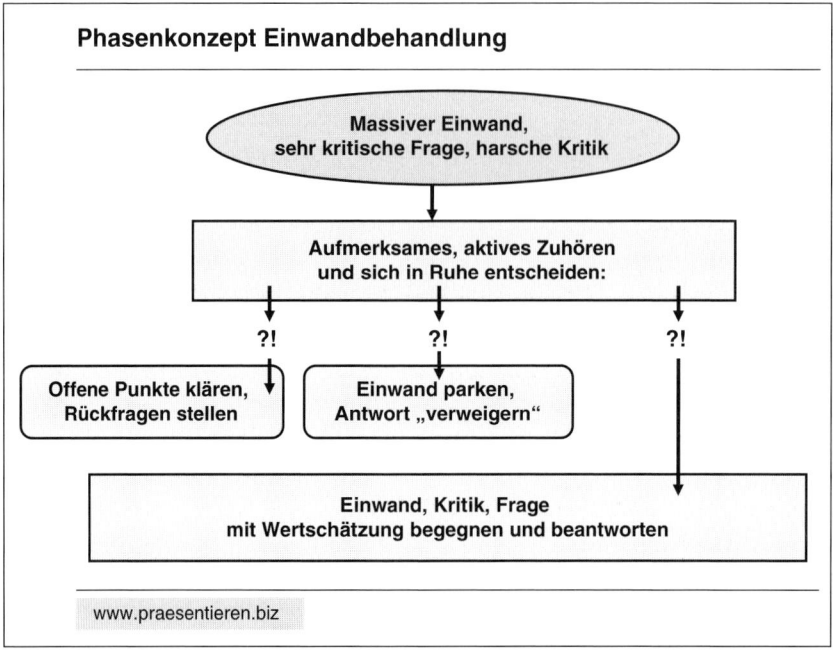

Schritt 1: Hören Sie ruhig und aufmerksam zu. Versuchen Sie, den sachlichen Inhalt des Einwandes zu erfassen und zu verstehen. Nehmen Sie sich hierbei Zeit.

Im ersten Schritt ist aktives Zuhören angesagt: Sie lassen den anderen ausreden, wenden sich mit Ihrer ganzen Aufmerksamkeit dem Redner zu, nehmen Blickkontakt auf und konzentrieren sich auf den Inhalt der Frage oder des Einwandes.

Bemühen Sie sich, den inhaltlichen Gegenstand des massiven Einwandes, der kritischen Frage oder der offenen Kritik zu erkennen. Worum geht es?

Welcher Teil Ihrer Präsentation wird hier angesprochen? Welches Thema oder welche Themen scheinen dem anderen wichtig zu sein? »Was genau sieht der andere anders als ich?«

Mit etwas Übung können Sie erste Vermutungen und Interpretationen über das hinter der Frage liegende Anliegen des Gesprächspartners anstellen: Geht es um inhaltliche Klärungen, offene, für den anderen unbeantwortete Fragen? Geht es vielleicht um eine reine Selbstdarstellung des Fragenden oder gar um einen Angriff gegen Sie als Präsentierenden? Vielleicht machen sich in der Frage auch nur eine ganz andere Sicht- und Betrachtungsweise der Dinge Luft. Die sachlichen Anliegen werden Sie gerne bedienen, einer mögliche Provokation werden Sie sachlich und wertschätzend begegnen, und ein Verlangen nach Selbstdarstellung des Fragenden können Sie ja wohlwollend begleiten, während Sie inhaltlich Stellung beziehen: »Ich unterstütze ausdrücklich die soeben geäußerten Anregungen. Bei unserem Vorgehen in der zweiten Phase der Werbekampagne wollen wir ja auch …«

Wichtig bei diesem ersten Schritt: So mancher Präsentierende sieht seine besondere Kompetenz darin, Fragen und Einwände wie »aus der Pistole geschossen« zu beantworten. Dahinter steckt die Vorstellung, dass ein kompetenter Leistungsträger (»High-Performer«) nur gut ist, wenn sie oder er auf alles und jedes blitzschnell und gekonnt reagieren kann. Einmal abgesehen davon, dass ein solches Selbstbild mehr inneren Druck und Stress erzeugt, als es gute Leistung und überlegte Antworten hervorbringt, raten wir in Drucksituationen grundsätzlich von schnellen, »aus der Hüfte geschossenen« Antworten ab. Sehr schnelle Antworten vermitteln gelegentlich den Eindruck, dass der Sprecher mit auswendig gelernten Pauschalformulierungen arbeitet, weil er diese Frage wohl schon zum x-ten Male beantworten musste, oder dass der so schnell Antwortende gar nicht zuhören möchte und die Antwort schon im Voraus weiß und dem Fragenden am liebsten das Wort abschneiden will.

Lassen Sie sich daher ruhig zwei bis drei Sekunden Zeit. »Entschleunigen« Sie die Situation für sich, nicken Sie und entscheiden in diesem kurzen ruhigen Augenblick über das weitere Vorgehen, beispielsweise für eine Rückfrage mit der Bitte um weitere Präzisierung oder zusätzliche Information.

Schritt 2a: Klären Sie zunächst sämtliche unverstandenen oder pauschalen Elemente des Einwandes, der Frage oder der Kritik, und bitten Sie um weitere Informationen oder Detaillierungen.

Wir empfehlen Ihnen hierzu das Mittel der gezielten Rückfrage:

- Wenn Sie inhaltlich/sachlich etwas gar nicht oder teilweise nicht verstanden haben: »Habe ich Sie richtig verstanden, dass es Ihnen um … geht?«, »Können Sie mir bitte kurz erläutern, was Sie mit dem Begriff … im Zusammenhang mit der Werbekampagne meinen?«, »Mir ist nicht ganz deutlich geworden, um welchen Aspekt es Ihnen geht! Bitte geben Sie noch einige zusätzliche Anhaltspunkte!«.
- Wenn der Einwand eine oder mehrere pauschale Bewertungen enthält. Einwand: »Die Vorschläge für die Plakate sind äußerst dürftig!« Reaktion: »Können Sie uns kurz darlegen, was Sie damit konkret bei den hier abgebildeten Plakatbeispielen meinen?« Einwand: »Das ist alles so Wischiwaschi!« Reaktion: »Zu welchem Punkt haben Sie eine konkrete Frage?«

Es kommt immer wieder vor, dass Kritiker ihre Einwände bewusst vage formulieren, Killerphrasen einsetzen oder mit der Kritik überzeichnen, um Sie damit zu verunsichern und unter Druck zu setzen. Indem Sie in diesen Situationen um Präzisierung bitten, ja diese sogar massiv einfordern, stellen Sie sich auch gegenüber den anderen Teilnehmern der Präsentation als offener und konsequent an den Sachfragen interessierter Mitarbeiter dar. Lassen Sie sich daher nicht auf das Niveau des Fragenden hinunterziehen.

- Wenn Ihnen die Offenlegung der Motive des Fragenden bei einer präzisen Antwort hilft: »Damit ich präzise auf Ihre Frage eingehen kann, würde es mir helfen, wenn Sie kurz darstellten, warum Ihnen das Thema ›Risikomanagement‹ im Zusammenhang mit der Werbekampagne so wichtig ist?«, oder: »Bitte nennen Sie mir Ihren Beweggrund für Ihren Einwand; ich kann Ihnen dann sicherlich noch andere hilfreiche Informationen dazu geben!«

Schritt 2b: Sie können die Frage parken oder die Antwort – begründet – verweigern. Bieten Sie dabei jedoch immer »Abhilfe« an.

Es ist wie im richtigen Leben: Auch in einer Präsentation müssen Sie nicht jede Frage sofort und perfekt beantworten. Es gibt auch die Möglichkeit, eine Antwort zu einem späteren Zeitpunkt anzubieten, das ist Ihr legitimes Recht als Präsentierender:

- Wenn das Thema der Frage im Moment gar nicht zur Präsentation passt und eine An twort vom aktuellen Thema abweichen und die anderen Teilnehmer langweilen würde, können Sie die Antwort auch »parken«: »Ich kann verstehen, dass Sie dieses Thema besonders interessiert. Um die Diskussion über unsere Kampagne aber jetzt nicht in dieser großen Runde zu verzögern, biete ich Ihnen an, dass wir im Anschluss an die Veranstaltung bei einem Kaffee detaillierter nochmals im kleinen Kreis über diesen Aspekt sprechen …«

- Wenn Ihnen beim besten Willen zu einer Frage keine Antwort einfällt, quälen Sie sich nicht mit Spekulationen oder willkürlich konstruierten Annahmen. Besser: »Ich spüre bei Ihnen ein großes Interesse an diesem Punkt. Ich kann Ihnen dazu jedoch im Moment keine konkreten Zahlen nennen. Ich habe sie schlicht nicht dabei. Ich biete Ihnen jedoch an, dass ich Sie morgen früh anrufen werde und …« oder »Ich will Ihnen jetzt keine Antwort ins Blaue dazu geben. Bitte geben Sie mir die Chance, den von ihnen angesprochenen Aspekt nochmals hausintern abzuklären. Ich schicke Ihnen gern übermorgen eine E-Mail dazu!«.

- Wenn Sie auf eine Frage inhaltlich besser nichts sagen sollten, weil Sie beispielsweise anderen Kollegen oder Abteilungen durch Ihre Statements das Leben schwer machen würden, Sie sich eventuell in laufende Untersuchungen einmischen würden oder weil Sie Ihre Kompetenzen überschreiten könnten, dann können Sie auch sagen: »Haben Sie bitte Verständnis dafür, dass ich Ihnen aus verschiedenen Gründen hier und heute auf diese Frage keine Antwort geben möchte. Ich biete Ihnen jedoch an, dass ich im Laufe der nächsten Woche nochmals gern auf Sie zukomme und dann …«

Je nach konkreter Situation können Sie auch die Gründe für Ihre Verweigerung nennen, beispielsweise ein laufendes Verfahren oder die Kompetenzverteilung in Ihrem Unternehmen.

Grundsätzlich gilt: Wenn immer Sie sich »überrumpelt« fühlen – beginnen Sie Ihre Antwort mit einigen einleitenden eigenen Worten.

In kritischen Situationen ist nicht die schnelle Antwort das Ziel, sondern die angemessene und überlegte Antwort, die Sie voll und ganz vertreten können. Für den Fall, dass Sie sich durch eine überraschende Frage oder einen gänzlich ungewöhnlichen Einwand oder sehr harte Kritik unter Druck gesetzt fühlen, sollten Sie für sich etwas Zeit gewinnen. Dazu können Sie

- noch einmal eine Verständnisfrage oder gezielte Rückfrage stellen (Schritt 2a),
- sich entscheiden, die Frage nicht zu beantworten (2b).

Sie können aber auch:

- den ganzen Einwand mit eigenen Worten nochmals zusammenfassen: »Wenn ich Ihren Hinweis angemessen verstanden habe, geht es Ihnen um zwei Punkte …«
- vor der Antwort nach dem PowerPoint-Chart suchen, das den angesprochenen Sachverhalt zeigt: »Ich möchte Ihnen den Sachverhalt nochmals auf dem Chart zeigen …« Während der Suchzeit können Sie in aller Ruhe überlegen! Dann blenden Sie das besagte Chart auf und erklären kurz die inhaltlichen Zusammenhänge, bevor Sie elegant auf die Frage eingehen.
- eine inhaltliche, ausführliche Vorbemerkung machen: »Der von Ihnen angesprochene Vorschlag setzt voraus, dass wir … Dazu möchte ich daran erinnern, dass unsere Geschäftsleitung …«;
- einen Zusammenhang zu Fragen von anderen Präsentationsteilnehmern herstellen: »Ihre Frage knüpft an das Thema, das Frau … vorhin angesprochen hat. Während es bei Frau … letztlich darum ging, … haben wir es bei Ihrem Punkt … zu tun. Dazu liegen erste Überlegungen vor …«.

Schritt 3: Behandeln Sie den Einwand, indem Sie mit einem »grünen« Signal der Wertschätzung beginnen und daran Ihre Sachantwort anschließen.

Hinter den folgenden Empfehlungen steht das Leitbild. »Weich zum Menschen, eindeutig in der Sache!« Für dieses Vorgehen bieten sich mehrere Möglichkeiten an.

- Sie können Verständnis für die Perspektive das anderen zeigen, ohne dass dies Einverständnis bedeutet. Damit verringern Sie die emotionale Distanz zum Gegenüber, zeigen Wertschätzung und deeskalieren. In der Sache bleiben Sie jedoch eindeutig: »Ich kann Ihre Perspektive sehr gut verstehen. Verständlicherweise sagen Sie … Nun schreiben uns die Vorgaben der Leitungsebene in unserem Haus unmissverständlich vor, dass wir … Daher haben wir versucht …«, »Ihren Ärger über die späte Lieferung kann ich lebhaft nachvollziehen. Auch wir sind alles andere als zufrieden mit dem Verlauf der Dinge. Erlauben Sie mir jedoch, die Gründe für die Verzögerung zu nennen«.
- Viele Präsentierende orientieren sich bedingungslos an den negativen Formulierungen eines kritischen Gegenübers. Damit überlassen Sie – meistens unbewusst – die Wahl der Sprache, also auch die Gestaltung der Atmosphäre, dem anderen. Sie wirken in Ihrem Antwortverhalten passiv. Oft werden

sogar negative Schlagworte oder Pauschalisierungen des Kritisierenden eins zu eins übernommen. Ein Beispiel. Einwand: »Es ist unvertretbar, welche Gefahren Sie bei diesem Vorgehen billigend in Kauf nehmen!« Reaktion: »Wir nehmen natürlich keine Gefahren einfach so billigend in Kauf. Daher ist es auch nicht unvertretbar oder gar gefährlich, was wir machen. Wir sehen die Dinge nämlich folgendermaßen …« Wir empfehlen einen etwas anderen Weg. Formulieren Sie den Einwand positiv, vermeiden Sie dabei alle emotionalen Pauschalisierungen des anderen, bleiben Sie aber dennoch eng am Thema des Einwandes. Beispiel: »Es ist gefährlich und fast schon fahrlässig, welche Probleme Sie bei diesem Vorgehen billigend in Kauf nehmen!« Reaktion: »Sie sprechen das Risikomanagement bei diesem Vorgehen an. Dabei sind wir folgendermaßen vorgegangen … Als konkrete Ergebnisse liegen uns bisher vor …«

- Vielen Menschen ist das Sprichwort bekannt: »Wo eine Sonnenseite ist, da ist auch eine Schattenseite!« Für die tägliche Kommunikation bietet sich die Umkehrung an: »Wo Schatten sind, muss es auch Licht geben.« Eine Übung, die in Kommunikationstrainings schon vor 20 Jahren durchgeführt wurde, empfiehlt einem Gesprächspartner, der sich kritisiert fühlt, vor einer spontanen und verteidigenden Reaktion einmal kurz zu überlegen, wo denn die Kritik im Recht ist, welchem Teil eines Einwandes man selbst ehrlicherweise zustimmen könnte. Für Präsentationen bedeutet dies, dass Sie dem Teil eines Einwandes, dem Sie zustimmen können, auch wirklich zustimmen, um dann den weiterführenden positiven und eigenen Standpunkt differenziert zu erläutern: »Sie sprechen zu Recht das höhere Gewicht unserer Achsen an. Dies liegt um … Kilo über dem der Mitbewerber. Dieses höhere Gewicht führt in Ihrem Fall jedoch zu keinerlei Nachteilen. Im Gegenteil, es überwiegen die Vorteile: Unsere Achsen bieten, was die Lebensdauer angeht … In puncto Reifenverschleiß … Hinzu kommt das Thema Wartung … Und schließlich …«

- »Gute Frage. Dazu möchte ich sagen …« So mancher Präsentierende glaubt, mit einem »Gute-Frage-Einstieg« den Fragenden angemessen »gestreichelt« und wertgeschätzt zu haben. Jetzt kann man eine beliebige Antwort anhängen. Besonders peinlich wird es, wenn die Worte »gute Frage« zu Beginn einer jeden Antwort aufgesagt werden. Was einmal als Anerkennung des Fragenden gedacht war, verkommt so zu einer inhaltsleeren Floskel, die kein Mensch mehr ernst nimmt und im schlimmsten Fall auf Ablehnung und Missstimmung stößt. Dabei ist die Grundidee, einen kritisch Fragenden durch ein positives Signal »milde zu stimmen«, durchaus nachvollziehbar. Ein Lob sollte jedoch ernst gemeint sein und in der Sache stimmen, eine

»gute Frage« reicht da nicht aus. Die Alternative? Loben Sie indirekt: »Mit Ihrer Frage sprechen Sie ein Thema an, über das auch in unserem Team lange und kontrovers gestritten wurde. Letztlich haben wir …«, »Die Schwierigkeit, auf die Sie hinweisen, hat bei dem Konkurrenzprodukt dazu geführt … Das Thema ist also mehr als nur dringend. Es ist … Wir planen dabei folgendes Vorgehen …«, »Um ehrlich zu sein, ich kenne keinen Fachmann, der zu dem von Ihnen angesprochenen zentralen Punkt eine überzeugende Lösung anbieten kann. Wir versuchen zurzeit …«. Es reicht also nicht aus, beispielsweise einfach nur zu sagen: »Eine wichtige Frage«, Sie müssen kurz und knapp begründen, warum diese Frage wichtig ist, nur dann wirkt das Lob und erreicht den Adressaten.

- Zu den Signalen der Wertschätzung, mit denen Sie Ihre Antwort einleiten, gehören natürlich auch der Blickkontakt zum Fragenden, möglicherweise ein Lächeln, eine offene Gestik und eine zugewandte Körperhaltung. Bei der Beantwortung sollten Sie sich aber auch den anderen Zuhörern zuwenden. Damit signalisieren Sie, dass die Antwort allen gehört und Sie sich für das »Wohl« der Gruppe engagieren.

Bei kritischen Fragen aktiv antworten statt passiv reagieren – der Fünfsatz

»Um ehrlich zu sein, die Überschrift verunsichert mich ein wenig. Ich denke, dass ich immer aktiv bin, wenn ich antworte. Worin besteht denn dann der Unterschied zwischen einem passiven und aktiven Antwortverhalten?«

»Die Unterscheidung zwischen passivem und ak-tivem Antworten soll Ihnen in kritischen Frage-situationen mehr Handlungsspielraum geben. Wobei das, was wir passives Antworten nennen, in unserem Alltag vollkommen in Ordnung ist. Fast immer, wenn wir auf eine Frage antwor-ten, verhalten wir uns so. Nun gibt es aber in professionellen Situationen, wie Präsentatio-nen, Fragen, da empfehlen wir Ihnen ein Vorge-hen, mit dem Sie sehr bewusst die Kontrolle über Ihr gesamtes Antwortverhalten behalten. Dieses Vorgehen nennen wir aktives Antworten.«

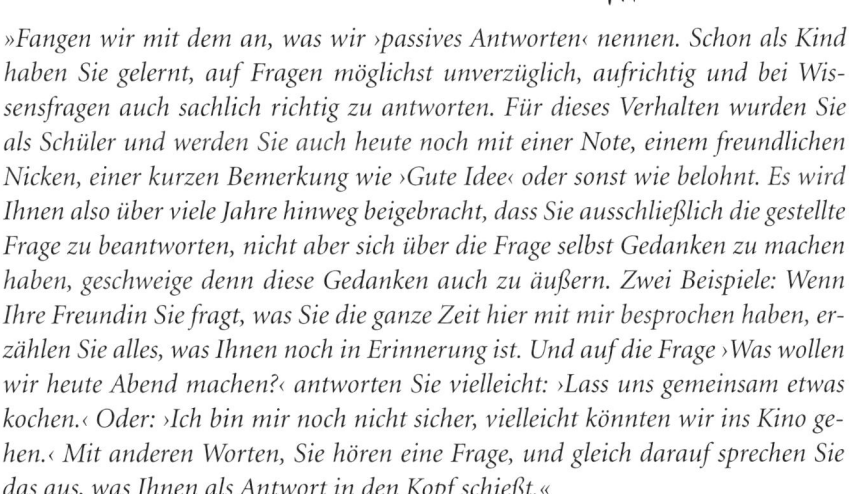

»Und wie kann ich mir das konkret vorstellen?«

»Fangen wir mit dem an, was wir ›passives Antworten‹ nennen. Schon als Kind haben Sie gelernt, auf Fragen möglichst unverzüglich, aufrichtig und bei Wis-sensfragen auch sachlich richtig zu antworten. Für dieses Verhalten wurden Sie als Schüler und werden Sie auch heute noch mit einer Note, einem freundlichen Nicken, einer kurzen Bemerkung wie ›Gute Idee‹ oder sonst wie belohnt. Es wird Ihnen also über viele Jahre hinweg beigebracht, dass Sie ausschließlich die gestellte Frage zu beantworten, nicht aber sich über die Frage selbst Gedanken zu machen haben, geschweige denn diese Gedanken auch zu äußern. Zwei Beispiele: Wenn Ihre Freundin Sie fragt, was Sie die ganze Zeit hier mit mir besprochen haben, er-zählen Sie alles, was Ihnen noch in Erinnerung ist. Und auf die Frage ›Was wollen wir heute Abend machen?‹ antworten Sie vielleicht: ›Lass uns gemeinsam etwas kochen.‹ Oder: ›Ich bin mir noch nicht sicher, vielleicht könnten wir ins Kino ge-hen.‹ Mit anderen Worten, Sie hören eine Frage, und gleich darauf sprechen Sie das aus, was Ihnen als Antwort in den Kopf schießt.«

»Leuchtet mir ein, empfinde ich aber als vollkommen in Ordnung!«

»Ist es und wird es auch bleiben. In Ihrem Alltag werden Sie wahrscheinlich kaum eine Frage Ihrer Freunde, Eltern, Kollegen oder Ihrer Freundin in Zweifel ziehen und zum Gegenstand einer einleitenden Bemerkung machen.«

»Ich werde mich hüten!«

»Sehr klug! Nun stellen die Fragerunde und Diskussion nach einer Präsentation jedoch eine Situation dar, in der Ihr über Jahrzehnte hinweg erlerntes Antwortverhalten von Nachteil sein kann. Beispielsweise dann, wenn Sie bei einer Präsentation vor Kunden unter Druck geraten, weil Ihnen sehr kritische Fragen gestellt oder Sie heftig emotional angegangen werden. In einer solchen Situation kann ein spontanes, wahrhaftiges und nicht ausreichend überlegtes Antworten zu Äußerungen führen, die Sie bei ruhigem Überlegen sicherlich nicht getan hätten.«

»Das ist mir in der Fragerunde bei meiner letzten Präsentation passiert. Auf die für mich äußerst unangenehme Frage eines Kunden, warum unsere Lieferung bei ihm verspätet ankam, habe ich sehr spontan und ehrlich etwas über unsere internen Produktionsprobleme erzählt. Das fand mein Chef gar nicht gut, denn der Kunde hat dann auch gleich die Qualität der zukünftigen Lieferungen angezweifelt.«

»Kann ich gut verstehen. Trösten Sie sich jedoch, das passiert selbst gestandenen Managern. Beispielsweise wenn Sie von Journalisten unter Beschuss genommen werden und dabei gewaltig unter Druck geraten.«

»In einer solchen Situation hilft doch auch das oben vorgestellte Phasenkonzept für den Umgang mit Einwänden?«

»Auf jeden Fall. Auch diesem Phasenmodell liegt die Idee des aktiven Antwortens zugrunde. Wir wollen Ihnen an dieser Stelle zusätzlich eine besondere Antwortstrategie vorstellen, wie sie von Topmanagern und Politikern häufig in kritischen Situationen in der Öffentlichkeit und vor den Medien angewendet wird. Sie hilft nicht nur dabei, dass das Antworten aktiv und gezielt erfolgt, sondern auch, dass diese Antworten wie eine kleine wohlüberlegte Rede erscheinen und die Interessen

des Antwortenden über die gerade gemachte Antwort hinaus vertreten. In unserem dargestellten Phasenmodell würde diese Antwortstrategie zu Schritt drei, der wertschätzenden Einwandbehandlung, gehören. Sie wird jedoch häufig als eigenständige Methode gelehrt, wobei unser Schritt eins, das aktive und aufmerksame Zuhören natürlich auf jeden Fall Voraussetzung jeglichen Antwortens ist. Die jetzt vorgestellte Antwortstrategie besteht aus fünf Einzelteilen, daher hat sich dafür die Bezeichnung ›Fünfsatz‹ eingebürgert.«

Der Fünfsatz – aktives Antworten mit eleganter Struktur

Der Fünfsatz bietet ein ausgeklügeltes Vorgehen bei der Beantwortung von heiklen, kritischen, stressmachenden oder sonstigen unangenehmen Fragen. Er besteht aus drei Schritten mit insgesamt fünf Teilen.

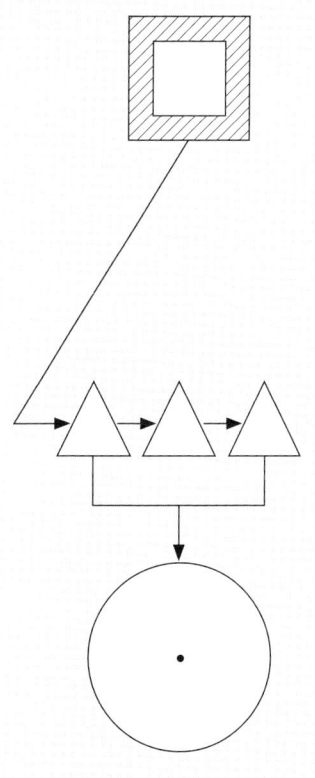

Der Ansatzpunkt/Einstieg (Schritt 1)

- Der Antwortende formuliert das Thema der Frage mit eigenen Worten so, wie er es beantworten möchte.
- Er kann dabei ein Problem formulieren, auf das er näher eingehen möchte.
- Er wird häufig zu diesem Thema eine These aufstellen, eine Meinung darstellen, die er belegen will.

Der Denkplan (Schritte 2 – 4)

- Der Antwortende bringt seine Argumente, Beispiele, Begründungen oder sonstige Inhalte, die den Kern seiner Antwort ausmachen.

Der Zielpunkt/Abschluss (Schritt 5)

- Der Antwortende beschließt seine »kleine Rede« mit einem Appell, einer Schlussfolgerung, einem die ganze Antwort verstärkenden »Und deshalb meine ich ...«.

Der Ansatzpunkt/Einstieg (Schritt 1)

Der Einstieg in den Fünfsatz beginnt damit, dass Sie auf keinen Fall sofort mit einer Antwort herausrücken (passives Antwortverhalten), sondern mit eigenen Worten den Kern der Frage wiedergeben, so, wie Sie ihn verstanden haben. An die Nennung des Themas schließt sich in der Regel eine eigene These, Meinungsäußerung oder Behauptung an. Ihre Chancen:

- Sie gewinnen Zeit und kommen leicht über die ersten Schrecksekunden hinweg. Dadurch gewinnen Sie Ihre innere Ruhe wieder.
- Sie zeigen zudem dem Fragenden, dass Sie seine Frage ernst nehmen und sich ausführlich damit zu beschäftigen gedenken.
- Sie greifen sich dabei den Aspekt der Frage heraus, auf den Sie im Moment antworten wollen, reden also über das, was Sie sicher vertreten können.
- Sie haben die Möglichkeit, in Ihrer Einstiegsformulierung eventuelle emotionale Angriffe außen vor zu lassen und sich dadurch als ausschließlich an der Sache interessiert darzustellen.
- Durch die eigene These geben Sie Ihrer Antwort eine Richtung und stellen sich als jemand dar, die oder der einen eigenen Standpunkt vertritt.

»*Gegen Ende der Diskussion nach meiner letzten Präsentation sagte der Chef eines kleinen Familienunternehmens ganz plötzlich sehr aufgebracht zu mir: ›Toll, was Sie da über neue Lieferbedingungen erzählen. Supercharts! Vor Kurzem waren Sie aber ziemlich schlampig mit Ihrer Auslieferung. Ist Ihre Firma denn nicht in der Lage, die Produktion ordentlich zu organisieren und die bestellten Teile rechtzeitig zu liefern?‹*«

»*Eine sicherlich unangenehme Situation für Sie, gleichzeitig ein wunderbares Beispiel für unser Thema. Würden Sie passiv antworten, klänge Ihr Einstieg vielleicht wie: ›Äh, schlampig sind wir sicher nicht. Natürlich können wir unsere Produktion ordentlich organisieren, aber ...‹ Vielleicht würden Sie dann auch noch auf die verspätete Lieferung eingehen und sich verteidigen.*«

»*So ähnlich ist es mir bei diesem auch noch sehr laut vorgetragenen Angriff ergangen.*«

»Wenn Sie mit dem Fünfsatz arbeiten, könnte Ihr Einstieg dagegen lauten: ›Sie sprechen die Lieferung der bestellten Bausteine an, die zwei Tage nach dem zugesagten Termin bei Ihnen angekommen sind. Ich kann dabei Ihre Verärgerung gut nachvollziehen. Für die verspätete Auslieferung gab es bei uns mehrere Gründe, die ich Ihnen gerne nennen möchte. Nämlich ...‹ Sie könnten den ersten Satz auch etwas weniger nüchtern formulieren: ›Ja, es hat nicht so geklappt, wie es mit der Lieferung der bestellten Bausteine sein sollte. Sie kamen zwei Tage nach dem ...‹ Und Sie können sich an dieser Stelle auch kurz für die Lieferverzögerung entschuldigen, wenn sie das tun wollen.«

»Klingt gut. Eine solche Gesprächseröffnung ist sachlich und wirkt kompetent. Wobei Sie mit diesem Einstieg nur auf einen Teil des Angriffes eingegangen sind.«

»Und zwar nur auf die verspätete Auslieferung, nicht auf den Teil, wo Ihr Kunde von ›schlampig‹ spricht und Ihnen vorwirft, die Produktion nicht ordentlich zu organisieren. Über diese Bewertungen möchte ich nicht sprechen, da ich an einer sachlichen und auf die Zukunft ausgerichteten Lösung des aufgetretenen Problems interessiert bin. Durch den Einstieg in den Fünfsatz entscheiden Sie über die Wortwahl und damit über das Niveau der weiteren Auseinandersetzung. Sie haben also die Möglichkeit, alle unschönen Begriffe zu ignorieren und sich ganz auf die Sache zu konzentrieren.«

»Lassen Sie es mich einmal versuchen. Ich würde dann beginnen mit: ›Sie sprechen im Zusammenhang mit der Lieferung Ihrer Bausteine die Organisation unserer Produktion an. Dazu kann ich Ihnen heute mit Sicherheit sagen, welche Gründe dafür vorlagen und wie wir in Zukunft verfahren werden ...‹ Und dann kämen meine Hinweise darauf, dass es widersprüchliche Anforderungen an die Herstellung der Bausteine gab, was wiederum zur Folge hatte, dass oder so ähnlich.«

»Genau. Sie sehen, dass Sie mit einem solchen Einstieg zum einen Ruhe in das Gespräch bringen, also sich selbst vor unüberdachten Schnellschüssen schützen können und zum anderen aktiv die Richtung Ihrer Antworten steuern können. Indem Sie das von Ihrem Kunden vielleicht im Ärger hingeworfene ›schlampig‹ mit eigenen Worten überhaupt nicht erwähnen, tragen Sie dazu bei, dass das weitere Gespräch sachlich erfolgen kann. – Nun sind wir uns durchaus bewusst, dass man diese Tipps leicht in ein Buch schreiben kann. In Ihrer Praxis erfordert die Umsetzung etwas Ruhe und viel Übung.«

Der Denkplan (Schritte 2 – 4)

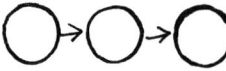

Nach dem Einstieg in den Fünfsatz folgen Ihre Argumente, Ideen, Beispiele, Erläuterungen. Hier begründen Sie Ihre Einstiegsthese, erklären, warum Sie etwas getan oder unterlassen haben, liefern Belege für die Angemessenheit Ihres Tuns.

»Warum schlägt denn der Fünfsatz drei Argumente vor?«

»Natürlich gibt es Situationen, da fallen Ihnen nur zwei Argumente ein oder vielleicht sogar vier. Das ist jeweils kein Problem. Wichtig ist, dass Sie nicht nur ein einziges Argument beispielsweise für Ihre verspätete Teilelieferung anführen. Denn das könnte etwas mager wirken. Mehrere Argumente haben mehr Gewicht, und da gelten drei Argumente als gerade richtig. Zu viele Argumente wiederum schwächen Ihr Anliegen eher!«

Der Zielpunkt/Abschluss (Schritt 5)

Wir empfehlen, bei der Anwendung des Fünfsatzes auf keinen Fall auf einen Abschluss zu verzichten.

- Denn damit bringen Sie Ihre unterschiedlichen Argumente auf den Punkt;
- betonen und verstärken Sie noch einmal Ihr Hauptanliegen, Ihre These;
- können Sie mit einem Appell an den Fragenden den Ball zurückgeben, den Prozess mit einer Aufforderung zum Handeln weiter vorantreiben und möglicherweise eine festgefahrene Konfrontation auflösen.

Ein Tipp: Beginnen Sie den Abschluss beispielsweise mit »Daher meine ich ...«, »So ergibt sich für uns das Bild, dass ...«, »So, wie sich das für mich darstellt, wünsche ich mir für unser weiteres Vorgehen, dass wir ...«.

»In meinem Beispiel könnte ich abschließen mit: ›Aus allen hier genannten Gründen für die verspätete Lieferung folgt für mich, dass wir uns beim nächsten Mal darauf verständigen müssen, wie ...‹«

»Klingt überzeugend. Natürlich fällt Ihnen nicht immer ein so sicher formulierter Abschluss ein. Und meist klingt der Fünfsatz nicht gleich so gekonnt wie in unserem Beispiel. Der souveräne Umgang mit dieser Antwortmöglichkeit auf kritische Fragen nach Präsentationen erfordert sehr viel Übung. Nutzen Sie möglichst viele Gelegenheiten, und beginnen Sie Antworten auf komplexe Fragen mit einer Formulierung des Fragethemas mit Ihren eigenen Worten. Die anderen Schritte des Fünfsatzes ergeben sich dann häufig von selbst. Und mit der Zeit werden Ihnen unangenehme Fragen etwas weniger unangenehm vorkommen. Und mit ganz viel Übung und Erfahrung werden Ihnen selbst kritische Fragen als willkommene Stichworte für die elegante Darstellung Ihrer Ideen dienen. Aber das dürfte noch einige Zeit dauern.«

Für Anspruchsvolle

- In der Gruppe präsentieren – Besonderheiten
- Vor (sehr) großen Gruppen präsentieren – nützliche Tipps
- Moderieren – auch für Präsentierende wichtig!

In der Gruppe präsentieren – Besonderheiten

In einer Team- oder Gruppenpräsentation wirken Sie mit anderen zusammen, einzelne Gruppenmitglieder übernehmen dabei einen bestimmten Abschnitt der Präsentation. Gruppenpräsentationen können beispielsweise notwendig sein, wenn Teile der Präsentation nicht zum Fachgebiet des Hauptredners gehören. Notwendig kann eine Gruppenpräsentation auch dann werden, wenn aus »firmen- oder abteilungspolitischen« Gründen bestimmte Kollegen, Vorgesetzte oder ausgewählte Fachleute an Ihrer Präsentation mitwirken sollen. Die Durchführung einer Präsentation als Gruppenpräsentation ist darüber hinaus sinnvoll, wenn sie länger dauern soll – weit über eine Stunde hinaus. Unterschiedliche Gesichter und Temperamente sorgen dann für Abwechslung und Spannung.

In einer Gruppenpräsentation sollten maximal drei Personen auftreten. Die Länge der einzelnen Beiträge sollte mindestens zehn Minuten betragen oder einen inhaltlich abgeschlossenen Beitrag zum Gesamtthema bilden. Bei der Reihenfolge der Auftritte macht es Sinn, die unterschiedlichen Temperamente zu mischen: Nach einem ruhigeren Mitmenschen sollte ein etwas lebendigerer folgen oder umgekehrt.

Besonderheiten bei der Vorbereitung einer Gruppenpräsentation

- Versuchen Sie, die Vorbereitung möglichst von Anfang an gemeinsam mit allen Gruppenmitgliedern zu gestalten. Jedes Mitglied sollte am Ende der Vorbereitung über alle Ziele und alle Inhalte der Präsentation informiert sein.
- Legen Sie in einem für alle verbindlichen »Drehbuch« genau fest, wer welchen Teil der Präsentation übernehmen wird.
- Wenn es die Zeit zulässt und die Wichtigkeit der Veranstaltung erfordert, üben Sie die Präsentation. Die Erfahrung zeigt, dass die Teile einer Gruppenpräsentation, bei denen die Präsentierenden miteinander agieren, bei-

spielsweise Überleitungen, Hilfestellungen bei der Medienbedienung, gemeinsames Beantworten von Fragen und Einwänden, besonders intensiv geprobt werden müssen, damit sie in der Praxis reibungslos ablaufen.

- Beginnen Sie möglichst frühzeitig mit der Vorbereitungsarbeit und vermeiden Sie Aktivitäten »auf den letzten Drücker«.

Besonderheiten bei der Durchführung einer Gruppenpräsentation

- Weisen Sie zu Beginn der Präsentation darauf hin, dass es sich um eine Gruppenpräsentation handelt. Stellen Sie sämtliche Präsentierende kurz mit Namen vor (Sie selbst natürlich zuletzt). Wenn es die Zeit zulässt und die präsentierten Inhalte umfangreich genug sind, sollten die einzelnen Gruppenmitglieder am Anfang der eigenen Auftritte mit wenigen Sätzen ihren inhaltlichen Bezug zum Thema darstellen.
- Weisen Sie bei der Vorstellung des Präsentationsablaufs schon darauf hin, welches Gruppenmitglied welche inhaltlichen Teile in der Präsentation übernehmen wird.
- Wenn Sie mit Ihrem Teil fertig sind, übergeben Sie mit wenigen Worten an das folgende Gruppenmitglied. Wichtig dabei ist, dass die Übergänge ohne Brüche »wie geschmiert« ablaufen sollten. Im Publikum darf nicht der Eindruck entstehen, dass es bei Ihnen Koordinationsprobleme gibt.

In unserem Beispiel könnte das so aussehen:

»Ich habe Ihnen bis hierher die grundlegenden Anforderungen an eine erfolgreiche Werbekampagne dargestellt. Meine Kollegin Clara Maria Funk wird jetzt auf deren Umsetzung in unser überarbeitetes Konzept eingehen.«

Oder:

»So weit die grundlegenden Anforderungen an eine erfolgreiche Werbekampagne.« Und dann mit einer freundlichen, auffordernden Gestik: *»Herr/Frau ... bitte!«* Das Ihnen folgende Gruppenmitglied kann dann die Übernahme mit Bezug auf Ihren Redeteil gestalten: *»Nachdem Sie jetzt die grundlegenden Anforderungen an eine Werbekampagne kennengelernt haben und dabei deutlich geworden ist, dass ... möchte ich auf deren Umsetzung ...«*

- Halten Sie Blickkontakt innerhalb Ihrer Gruppe. So können Sie sich untereinander leicht verständigen, wenn Sie Hilfe brauchen oder Fragen aus dem
  Publikum weitergeben wollen.
- Verhalten Sie sich vor dem Publikum so, dass möglichst nur eine Person
  »im Rampenlicht« steht. Wenn einer spricht, halten sich die anderen ruhig
  im Hintergrund oder an der Seite. Sie schauen dem Präsentierenden zu, ab
  und zu zum Publikum. Sie achten auf ihre Gestik, also beim Stehen keine
  Hände in den Taschen! Sie unternehmen keine ablenkenden Aktionen, wie
  das Vorbereiten zusätzlicher Flipchartblätter oder das Herumhantieren mit
  einem Laptop, einem PDA oder dem Handy. Und sie vermeiden jegliche
  Form von sichtbarem Gähnen, selbst dann, wenn sie die Präsentation schon
  mehrmals gehört haben und das konzentrierte Zuhören anstrengender sein
  kann als das Vortragen selbst. Ein Präsentationsteam wird immer als Team
  gesehen und sollte sich auch so verhalten. Das ermöglicht in der anschließenden Fragerunde, dass immer der antwortet, der zum Thema etwas zu
  sagen hat, egal, an wen die Frage gerichtet war. Wenn ein Team präsentiert,
  kann (und sollte) auch ein Team antworten.

Vor (sehr) großen Gruppen präsentieren – nützliche Tipps

»Präsentieren vor einem kleinen Kreis, das ist ja schon Herausforderung genug. Aber vor einer ganz großen Gruppe, beispielsweise vor 50 oder gar 100 Menschen? Da lasse ich doch besser die richtigen Profis ran.«

»Hoffentlich nicht! Zum einen sind – oder werden – Sie ein Profi, und zum anderen gilt für das Präsentieren vor großen Gruppen das Gleiche wie für das Präsentieren vor kleinen Gruppen. Na ja, vielleicht ist es mit der Teilnehmeranalyse nicht ganz so leicht, und sie wird nicht ganz so differenziert ausfallen, wie Sie dies sonst gewohnt sind. Aber sonst? Vorbereitung, Ziele formulieren, die Rede strukturieren und mit Bildern arbeiten, all das bleibt wie gewohnt.«

»Aber meine Visualisierungen, die muss ich doch wohl ändern, oder?«

»Nun, da haben Sie allerdings recht. Die Regel lautet, dass Ihre Visualisierungen in der letzten Reihe gelesen werden können. Das kann bedeuten, dass Folien, die für zehn Personen geeignet, für 100 und mehr nicht mehr zu gebrauchen sind. Das hängt natürlich von der Leistungsfähigkeit der vorhandenen Technik ab. Aber im Zweifelsfall und wenn Ihnen die Präsentation sowie das Publikum wichtig sind, dann werden Sie nicht umhinkommen, sich Gedanken über neue Visualisierungen zu machen. Beispielsweise mit noch weniger Text und mehr Bildern.«

»Ich ahnte es! Und sonst, worauf sollte ich noch achten?«

»Wir haben Ihnen einige Tipps zusammengestellt, die für Sie nützlich sein könnten. Die wollen wir Ihnen vorstellen. Und Ihnen dabei Mut machen, für den Fall, dass Sie wirklich einmal vor 100 Menschen reden dürfen.«

Machen Sie eine Ortsbesichtigung! In großen Räumen verändert sich zuerst einmal der Abstand zwischen Ihnen als Redner und Ihrem Publikum. Das hat Auswirkungen auf Ihr Raumgefühl, auf die sprachliche Verständigung, auf die Wahrnehmung des Publikums und natürlich die Aufbereitung der Visualisierungen sowie auf den Blickkontakt zwischen Ihnen und dem Publikum. Und um diese Punkte in den Griff zu bekommen, sollten Sie den Raum (oder einen ähnlich großen) auf jeden Fall vorher besuchen und sich mit seinen Ausmaßen vertraut machen. Es soll Redner geben, die setzen sich an die Stelle, von der aus sie später sprechen werden, und trinken in Ruhe einen Kaffee. So werden sie mit jeder Minute etwas vertrauter mit ihrer anfangs ungewohnten Umgebung.

Nehmen Sie den Raum in Besitz. Laufen Sie durch den Raum. Gehen Sie durch alle Sitzreihen, messen Sie die Bühne, das Podium ab, schauen Sie in alle Ecken. Sie »erlaufen« sich so ein persönliches Gefühl für die Dimensionen und eignen sich die Besonderheiten des Raumes an. Und wenn Sie einige Male über die Bühne geschritten sind, wird sie zunehmend zu Ihrer Bühne, und Sie fangen an, sich dort sogar etwas wohlzufühlen. Dazu ein paar Fragen, die Sie sich ernsthaft beantworten sollten: »Was gefällt mir an diesem großen Raum?«, »Wo und wie kann ich mich positionieren, damit ich mich wohlfühle?«, »Wie sehen mich die Teilnehmer aus der letzten Reihe, und was mache ich dann in der Präsentation, damit auch sie mich gut wahrnehmen können?«.

Wo wollen Sie stehen? Bestimmen Sie den Platz, von dem aus Sie sprechen möchten. Von hier aus haben Sie Ihr Publikum im Blick, können die Technik bedienen und ohne Anstrengung selbst einen Blick auf die Leinwand werfen, um das Geschehen dort zu kommentieren. Und von diesem Ort aus können Sie sich bewegen, mal nach links oder nach rechts gehen. Auch das sollten Sie üben: Laufen Sie nur kurze Strecken und eher langsam als zu schnell. Und wenn Sie wieder zu Ihrem Ausgangspunkt zurückgehen, drehen Sie dem Publikum möglichst nicht den Rücken zu. Sie sind nicht im Zoo und spielen den Panther hinter Gittern!

Machen Sie Sprechproben. In manchen Hallen benötigen Sie kein Mikrofon. Probieren Sie dann, wie laut Sie sprechen müssen, um noch in der letzten Reihe gut verstanden zu werden. Meistens wird es jedoch ohne technische Hilfe nicht gehen; das bedeutet eine Mikrofonprobe. Wenn Sie das Mikrofon mit der Hand halten müssen, bestimmen Sie den Abstand zum Mund und den Winkel, in dem Sie es zum Mund halten müssen. Sprechen Sie dann möglichst mehrere Minuten mit dem Mikrofon in der Hand, am besten gleich eine halbe Stunde!

Nur so werden Sie sicher und lassen sich während der Präsentation nicht durch das Mikrofon verunsichern. Und wenn Sie das Mikrofon in der Hand halten müssen, haben Sie nur noch eine Hand frei, um mit dem Manuskript arbeiten zu können. Mit etwas Übung geht das. Sorgen Sie für einen Tisch in Ihrer Nähe, um das Manuskript auch einmal ablegen zu können.

Stimmen Sie Ihre Visualisierungen auf die Raumgröße ab. Die Regel ist ganz einfach: Ihre Bilder, Grafiken und Texte müssen mühelos von der letzten Reihe aus erfasst werden können. Also: Laptop anschließen und sich in die letzte Reihe begeben. Haben Ihre Visualisierungen noch die erhoffte Wirkung? Haben Sie Texte auf den Folien, die nicht mehr gelesen werden können? Macht es dann überhaupt noch Sinn, mit Textcharts zu präsentieren? Kommen die Farben zur erhofften Geltung? Müssen Sie – wenn dies überhaupt möglich ist – verdunkeln, oder benötigen Sie einen besonders lichtstarken Projektor? Wenn Sie nicht zufrieden sind, müssen Sie Ihre Visualisierungen verändern. In der Regel gilt für große Räume: Möglichst große Schriftgröße auf den Textfolien. Insgesamt jedoch wenig Text, dafür mehr Grafiken und Bilder. Wenige, aber kräftige Farben. Und nicht vergessen: Überlegen Sie, ob Sie dem Saaltechniker nicht schon bei der Vorbereitung ein Trinkgeld geben, die nächste Krise kommt bestimmt.

Durch die Visualisierung führen. Nicht jeder kann mit einem Laserpointer umgehen, und viele mögen diese wacklige und manchmal zittrige Angelegenheit auch gar nicht. Vielleicht reicht für Ihre Situation ein Zeigestab (aber bitte nicht damit spielen, den Teleskopstab nicht dauernd zusammen und wieder auseinanderschieben) oder ein Kugelschreiber, der gelegentlich auf den Overheadprojektor gelegt werden kann. Den gibt es allerdings nicht mehr so häufig. Dafür zunehmend Laptops, deren Bildschirm als »Schreibfläche« genutzt werden kann, sodass Sie mit wenigen Strichen Inhalte hervorheben, Linien ziehen und Kommentare einfügen können, die das Publikum auf der Leinwand sieht. Was aber immer geht: Erläutern Sie in Ihrer Rede, an welcher Stelle in Ihrer Visualisierung Sie gerade sind. Beispielsweise: »Punkt drei zeigt deutlich, dass ...« »Die erste Spalte der Tabelle zeigt, warum wir ...« »Wenn Sie einmal den Kreis rechts unten betrachten: Die dort eingefügten 20 Prozent sind ein Hinweis darauf ...« »Auf diesem Bild wird mit roter Umrandung sofort deutlich, was wir in den nächsten Monaten unternehmen müssen, damit unsere Werbekampagne ...«

»Schau mir in die Augen, Publikum!« Allen hundert Anwesenden können Sie nicht in die Augen schauen. Also beschränken Sie sich auf die ersten Reihen und versuchen, mit Einzelnen direkten Blickkontakt aufzunehmen. Versuchen Sie dabei auch die Reaktionen der Betroffenen wahrzunehmen. Holen Sie sich ein Lächeln, ein aufmerksames Kopfnicken. Und wenn dies noch von einer Ihnen sympathischen Person kommt, umso ermutigender. Lassen Sie Ihren Blick auch immer wieder durch die weiter entfernten Reihen schweifen. Dabei müssen Sie niemanden direkt anschauen. Wir hatten Ihnen ja schon als Blickbewegungsmuster ein großes »M«, ein »W« oder die liegende »8« empfohlen. Und noch etwas: Vergessen Sie nicht, auch die Personen anzuschauen, die links oder rechts außen sitzen. Sie sind für alle im Publikum verantwortlich.

Fragen aus der großen Gruppe. Unsere Empfehlung: Kündigen Sie an, dass Sie Fragen gerne erst nach Ihrem Präsentationsteil beantworten werden. Begründen Sie dies mit der Größe der Gruppe, dies wird in der Regel akzeptiert. Wenn Sie Fragen während der Präsentation zulassen, laufen Sie Gefahr, dass Sie einen Teil des großen Publikums aus den Augen verlieren. Schnell kann Unruhe entstehen, die wiederum Sie verunsichern kann. Wenn Sie später dann Fragen beantworten, kann die Raumgröße es erfordern, dass Sie die Frage des Fragestellers noch einmal über die Mikrofonanlage wiederholen, damit sie jeder im Raum versteht.

Unterlagen für die vielen Zuhörer? Warum nicht. Nutzen Sie diese Unterlagen als Marketinginstrument für sich selbst. Also keine bloße Kopie aller Charts, sondern wenige gut durchdachte Seiten. Unser Vorschlag:

1. Deckblatt mit Thema, Anlass, Vortragendem und Kontaktmöglichkeiten.
2. Ziel der Präsentation und Agenda.
3. Die wichtigsten Inhalte reduziert auf Kernaussagen vielleicht in Form von herausfordernden Thesen.
4. Letzte Seite: Biografie des Präsentierenden, des Teams, Kurzdarstellung der Abteilung, des Unternehmens, Kontaktmöglichkeiten.
5. Und vielleicht doch noch zu guter letzt: Faxblatt als Einladung zum Feedback und zur Verbindungsaufnahme.

Gruppen moderieren – auch für Präsentierende wichtig!

»Präsentieren und Moderieren, beide Begriffe höre ich häufig gemeinsam. Sind das nicht aber ganz unterschiedliche Dinge?«

»In gewisser Weise schon. In der Präsentation stellen Sie etwas dar, Sie präsentieren vor einem Publikum, halten eine – wenn auch besondere – Rede. Wenn Sie moderieren, unterstützen Sie eine Arbeitsgruppe dabei, ein Ergebnis zu erarbeiten. Ihre Tätigkeit ist dabei eher mit der des Leiters verwandt.«

»Aber präsentiere ich in einer moderierten Sitzung nicht auch hin und wieder?«

»Nun, alles, was wir über den persönlichen Auftritt gesagt haben, aber auch über den Umgang mit Fragen und Einwänden, können Sie in einer Moderation verwenden. Dort stehen Sie ebenfalls vor einer Gruppe und stellen Inhalte dar. Dies geschieht aber mit dem Fokus, die Gruppe zum Arbeiten zu bringen. Wo sowohl präsentiert als auch moderiert wird, das sind Workshops, also beispielsweise eintägige Arbeitssitzungen, die von einem Moderator begleitet werden. Hier wechseln sich kurze Präsentationen und moderierte Arbeitssitzungen ab.«

»Dass ich das Präsentieren beherrschen sollte, habe ich mittlerweile begriffen. Gilt das aber ebenso für das Moderieren?«

»Wir glauben schon. Die Fähigkeit, eine Arbeitssitzung zu moderieren, gehört zu den Dingen, die Sie kennen und beherrschen sollten, wenn Sie mit anderen ar-

beiten, beispielsweise ein Projekt leiten oder gemeinsam ein Problem lösen. Das Moderieren lässt sich lernen. Und wenn Sie gut werden wollen, erfordert dies viel Engagement und Begeisterung, genauso wie beim Präsentieren.«

»Nun machen Sie mich doch etwas neugierig und vertrösten mich hoffentlich nicht nur auf die weiterführende Literatur!«

»Das natürlich auch. Wir möchten Ihnen dennoch einen kurzen Überblick über die Moderationsmethode geben. Sie können dann entscheiden, ob Sie sich weiter klug machen wollen. Wenn Sie allerdings mit dem Präsentieren weitermachen wollen, dann blättern Sie einfach bis zur Seite 188.«

»Moderation« – nur ein anderes Wort für »Besprechungsleitung«?

Auch wenn in vielen Köpfen immer noch die Vorstellung herumgeistert, dass »moderieren« und »leiten« unterschiedliche Begriffe für ein und dieselbe Sache sind: Sie sind es nicht! Beide Begriffe bezeichnen unterschiedliche Konzepte für das Arbeiten mit Gruppen:

- Bei der klassischen Besprechungs*leitung* versucht der Leiter, unter Einbeziehung der anwesenden Besprechungsteilnehmer ein Ziel zu erreichen. Er selbst hat häufig ein besonderes Interesse am Thema, äußert daher auch seine Ansichten und beteiligt sich engagiert inhaltlich an der Diskussion.
- Anders bei einer idealtypischen Moderation. Hier gibt es eine (Arbeits-) Gruppe, die ein bestimmtes Ziel erreichen will oder soll. Beispielsweise sollen Arbeitsabläufe verbessert werden. Die Arbeitsgruppe ist für die inhaltliche Qualität des Ergebnisses verantwortlich. Der Moderator wiederum unterstützt die Gruppe bei der Zielerreichung. Dazu bleibt er – eine seiner wichtigsten und in der Praxis häufig schwer zu lebenden Kompetenzen – inhaltlich unparteiisch. Er hält sich also mit inhaltlichen Diskussionsbeiträgen heraus. Stattdessen schlägt er der Gruppe immer wieder konkrete Arbeitsschritte vor, beispielsweise eine Ideensammlung, eine Ideenbewertung, eine kurze Kleingruppenarbeit zu kontroversen Vorschlägen oder eine intensive Diskussion mit anschließendem Maßnahmenplan. Und wenn der Moderator »gut« ist, dann schafft er es, dass selbst in emotional geladenen Situationen sämtliche Teilnehmer an den Sitzungen gleichberechtigt, aktiv und kreativ mitmachen und dass alle mit dem Gefühl aus der Sitzung herausgehen, dass trotz vielfältiger Auseinandersetzungen doch immer wieder zur Sacharbeit zurückgefunden wurde.

*»Also, wenn ich das einmal schnell und kritisch auf unsere Firma übertragen darf und es mit den von mir erlebten Besprechungen vergleiche! So ein Moderator müsste sich bei unseren Sitzungen **erstens** inhaltlich aus allem heraushalten; **zweitens** müsste er gemeinsam mit uns für Zielklarheit sorgen; **drittens** uns auf dem Weg zur Zielerreichung mit den geeigneten Arbeitsschritten helfen, dabei auf alle Abweichungen aufmerksam machen; und **viertens** Streitigkeiten, die unseren Arbeitsprozess in der Sache behindern, bewusst machen und uns helfen, zur sachlichen Problemlösung zurückzukehren. Damit es aber möglichst gar nicht zu Konflikten kommt, müsste er **fünftens** geeignete Regeln für den Umgang aller Teilnehmer untereinander anbieten oder erarbeiten lassen und deren Einhaltung überwachen. Gleichzeitig soll unser Treffen aber auch inhaltlich fruchtbar und möglichst für jeden befriedigend sein, also müsste er **sechstens** dafür sorgen, dass sich wirklich alle beteiligen, und zwar gleichberechtigt. Und wenn schon alle mitmachen, dann darf nichts von den Inhalten verloren gehen, also muss er **siebtens** möglichst viel aufschreiben, protokollieren oder visualisieren. Und **achtens**, würde so jemand nicht dafür sorgen, dass unser Besprechungsleiter überflüssig würde? Ach ja, und **neuntens**: Jemanden, der das alles kann, so jemanden gibt es nicht – zumindest nicht in unserer Firma.«*

*»Der Reihe nach: Bei den Punkten **eins** bis **sieben** stimme ich Ihnen zu. Alles das macht einen kompetenten Moderator aus. Um gleich auf Punkt **neun** einzugehen: Moderieren kann man lernen. Es handelt sich dabei um eine anspruchsvolle Fähigkeit, die zunehmend jedoch von Führungskräften eingefordert wird. Es gibt eine Menge Literatur zum Thema und ausgezeichnete Seminare, die diese Kompetenzen vermitteln. Jetzt zu Punkt **acht**: Auf keinen Fall soll die Moderation die klassische Besprechungsleitung ersetzen. Besprechungen werden auch in Zukunft geleitet werden, beispielsweise dann, wenn Sie als Leiter inhaltlich mitdiskutieren wollen, wenn in sehr kurzer Zeit Vorgänge koordiniert werden müssen oder eine Gruppe über eine Entscheidung informiert werden soll und die Teilnehmer ihre Meinungen dazu äußern sollen. In den Fällen jedoch, in denen die ›geballte‹ Kompetenz einer Gruppe gefragt ist, in denen diese Gruppe einen großen Gestaltungsraum hat, was das inhaltliche Ergebnis angeht und in denen ausreichend Zeit für den Arbeitsprozess zur Verfügung steht, in diesen Fällen sollte man über eine Moderation nachdenken. Bei derartigen Sitzungen kann es sich handeln um*

- *Gruppenarbeitssitzungen in der Abteilung Marketing, in denen über Verbesserungen der neuen Werbekampagne nachgedacht wird;*
- *Sitzungen, in denen Probleme gelöst werden sollen, beispielsweise der schleppende Informationsfluss zwischen Marketing und Vertrieb;*

- *»KVP-Gruppen« (Kontinuierliche Verbesserungsprozesse), die über eine schnellere Belieferung wichtiger Kundengruppen nachdenken, nachdem Ihre Werbekampagne eingeschlagen hat wie eine Bombe;*
- *oder denken Sie an Ihre wöchentliche Montagsbesprechung: Hier könnte ein Tagesordnungspunkt wie ›Entwicklung und Diskussion erster Ideen zur Verbesserung der Kaltakquisition nach dem Launch der neuen Kampagne‹ moderiert werden. Für diese kurze Moderation sollten Sie dann aber etwas Zeit reservieren, vielleicht zwei Stunden. Das wäre noch zu überlegen.«*

Gestaltungsspielraum der Gruppe und zur Verfügung stehende Zeit für die Themenbearbeitung haben Einfluss auf die Wahl der Methode

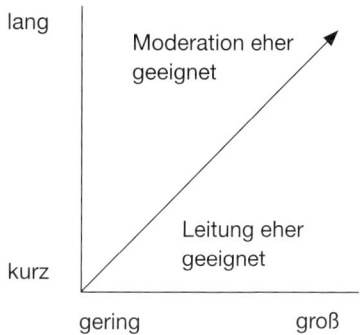

Gestaltungsspielraum der Gruppe

Die besonderen Stärken der Methode

In den letzten Jahren hat sich die Moderationsmethode immer stärker in der Praxis von Unternehmen und Organisationen etabliert. Immer häufiger wird auf sie zurückgegriffen, wenn Menschen in Gruppen zusammenkommen, um etwas zu erarbeiten. Die wichtigsten dabei erlebten Stärken dieser Methode sind:

- Die Kompetenz, das Wissen und die Kreativität möglichst aller Teilnehmer der Arbeitssitzung werden genutzt. Allen Gruppenmitgliedern wird die aktive Teilnahme ermöglicht. Das erhöht die Qualität des Ergebnisses. Dazu werden Arbeitsverfahren eingesetzt, die alle Teilnehmer mit ihren subjektiven Voraussetzungen gleichermaßen aktivieren und einen lebendigen Arbeitsprozess ermöglichen.

- Der moderierte Arbeitsprozess ist darauf ausgerichtet, ein hierarchiefreies Klima zu erzeugen. Die Rolle des Moderators und die Regeln der Moderationsverfahren sind darauf ausgerichtet, in der Gruppe niemanden zu bevorzugen oder zu benachteiligen.
- Störungen und Konfliktsituationen während der Arbeitsprozesse werden bearbeitet und versachlicht, um die volle inhaltliche Leistungsfähigkeit der Gruppe zu erhalten oder wiederherzustellen.
- In einem gelungenen moderierten Arbeitsprozess sind alle Teilnehmer aktiv beteiligt und gemeinsam für das inhaltliche Ergebnis verantwortlich. Die erarbeiteten Ergebnisse einer moderierten Sitzung finden bei den Teilnehmern daher hohe Akzeptanz. So steigen ihre Realisierungs- und Umsetzungschance in der Praxis nach Beendigung des Arbeitsprozesses.

Acht Verhaltenstipps für einen pfiffigen Moderator bei der Arbeit

- Der Moderator stellt seine eigenen Ziele, Wertungen und Meinungen zurück. Er bewertet weder Meinungsäußerungen noch Verhaltensweisen. Er konkurriert nicht mit den Teilnehmern um Sachfragen.
- Er nimmt alle Teilnehmer ernst, zeigt allen gegenüber die gleiche Wertschätzung, bevorzugt oder benachteiligt niemanden.
- Er achtet darauf, dass alle ihre Meinungen, Ideen und Ansichten vertreten können. Er sorgt also auch dafür, dass die Ruhigen und eher Schweigsamen Gelegenheit bekommen, am Arbeitsprozess aktiv teilzunehmen.
- Er hat ständig das Ziel der Sitzung oder einzelner Phasen im Auge und signalisiert der Gruppe Abweichungen vom Weg zur Zielerreichung.
- Er versucht in Konfliktsituationen, die Gruppe darauf aufmerksam zu machen, wenn sie zu sehr von der inhaltlichen Diskussion abweicht, und führt sie wieder zurück zur Sacharbeit.
- Er hört überwiegend zu und spricht wenig selbst. Er versucht, den Austausch und die Diskussion zwischen den Gruppenteilnehmern zu unterstützen. Aber: Nicht er steht im Mittelpunkt, sondern die Kompetenz der Teilnehmer, das Thema und das Ziel. Daher nimmt er permanent eine fragende Haltung ein und keine behauptende. Durch Fragen öffnet und aktiviert er die Gruppe für den Gedankenaustausch untereinander.
- Er wiederholt den Teilnehmern das, was gerade an Äußerungen, Themen, Meinungen in der Gruppe existiert, immer dann, wenn er dadurch den Arbeitsprozess erleichtern, transparent machen oder vorantreiben kann.
- Er visualisiert, visualisiert, visualisiert.

Bausteine für den Ablauf einer moderierten Arbeitssitzung

Nicht in jeder Sitzung werden sämtliche Punkte angesprochen. Für die Vorbereitung empfiehlt es sich jedoch, mithilfe dieser Liste das eigene Vorgehen zu bestimmen.

Bausteine für den Einstieg:
- Begrüßung, persönliche Vorstellung des Moderators.
- Anlass, Hintergrund der Sitzung – Warum findet diese Sitzung statt?
- Klärung der Rolle des Moderators während der Sitzung – beispielsweise inhaltliche Unparteilichkeit.
- Ziel der Arbeitssitzung vorstellen, abklären, vereinbaren.
- Ablauf, Verfahren, Zeit vorstellen, vereinbaren.
- Spielregeln für den Umgang untereinander vorstellen, vereinbaren.

Bausteine für den Hauptteil:
Hier bieten sich verschiedene Vorgehensweisen an, je nachdem, was in der Sitzung erreicht werden soll. So kann es gehen um
- Themensammlung.
- Themenauswahl.
- Themenbearbeitung in Kleingruppen.
- Diskussion der Ergebnisse im Plenum.
- Verabschiedung eines Maßnahmenplans.

Denkbar ist beispielsweise auch:
- Präsentation des aktuellen Problems vor der Gruppe durch einen externen Fachmann oder einen Teilnehmer.
- Sammlung erster Lösungsvorschläge in der Gruppe mithilfe eines Brainstormings.
- Diskussion der verschiedenen Lösungsvorschläge.
- Bewertung der einzelnen Lösungsvorschläge nach bestimmten Kriterien.
- Auswahl der Lösungsvorschläge, die in einem ersten Schritt weiterbearbeitet werden sollen.
- Erstellung eines Maßnahmenplans für das weitere Vorgehen.

Bausteine für den Abschluss:
- Aktionsplan oder Maßnahmenplan.
- Rückmeldung zur erlebten Arbeitssitzung: »Was ist gelungen, was machen wir beim nächsten Treffen anders, um unsere Ziele zu erreichen?«
- Beenden der Moderation/Verabschiedung.

»*Lassen sich diese Tipps denn in der Praxis immer so genau umsetzen?*«

»*Nicht immer. Auch die Moderationspraxis stellt sich häufig als sehr bunt dar. Es kann beispielsweise vorkommen, dass der Moderator inhaltlich Stellung bezieht. Dann nämlich, wenn er erkennt, dass die Gruppe in eine Sackgasse rennt oder eine wichtige Rahmenbedingung aus den Augen verloren hat. Ein erfahrener Moderator macht der Gruppe in diesen besonderen Situationen jedoch deutlich, dass er und warum er sich inhaltlich einschaltet. Damit behält er seine Moderatorenkompetenz und wird auch weiterhin von der Gruppe als Prozessbegleiter akzeptiert. Dazu muss er aber die von uns vorgestellten acht Tipps für einen pfiffigen Moderator absolut beherrschen. Denn erst der Meister zerbricht die Form, alles andere ist Murks.*«

»*Noch etwas. Ich habe von Kollegen gehört, dass in moderierten Arbeitssitzungen viele Kärtchen vollgeschrieben und viele bunte Punkte geklebt werden. Stimmt das?*«

»*Was Ihre Kollegen beschreiben, sind einzelne Moderationstechniken, mit denen gelegentlich in moderierten Sitzungen gearbeitet wird. In diesem Fall das Karten-Antwort-Verfahren, mit dem beispielsweise Ideen gesammelt oder Lösungsvorschläge strukturiert werden können. Eine tolle Sache, denn in diesem Verfahren kommen alle Anwesenden gleichberechtigt zum Zuge. Hierarchie spielt dort keine Rolle. Das Punktekleben wiederum gehört zur Bewertungstechnik. Mit dieser Moderationstechnik können Sie Entscheidungen treffen, Reihenfolgen festlegen oder Vorschläge bewerten. Auch das Punktekleben ist eine ausgesprochen leistungsfähige Angelegenheit, wenn diese Technik wie auch alle anderen Techniken im Sinne der Moderationsmethode eingesetzt wird. Also im Sinne der Verhaltenstipps für den pfiffigen Moderator. Kartenbeschreiben und Punktekleben alleine machen keine Moderation. Wenn Sie zu den einzelnen Techniken mehr wissen möchten und zu deren Einsatz während einer Moderation, dann sollten Sie in der Literatur nachblättern. Dort werden Sie reichlich bedient.*«

»Noch einmal zu der Verbindung ›Moderieren–Präsentieren‹. Wenn ich mir das so anhöre, habe ich das Gefühl, dass ein guter Moderator auch gut präsentieren können sollte, nicht wahr?«

»Nun, in beiden Fällen werden Sie vor einer Gruppe aktiv. Und in beiden Fällen ist sicheres Auftreten gefordert. Je besser Sie präsentieren, desto sicherer werden Sie in einer Moderation vor die Gruppe treten und Ihre ›Inputs‹ liefern. Und je erfahrener Sie moderieren, desto unproblematischer gelingen Ihre Auftritte bei Präsentationen. Und noch etwas kommt hinzu: In beiden Fällen müssen Sie während der Vorbereitung auf eine eindeutige und wohlüberlegte Zielformulierung achten. Diese Kompetenz kommt Ihnen in beiden Situationen zugute.«

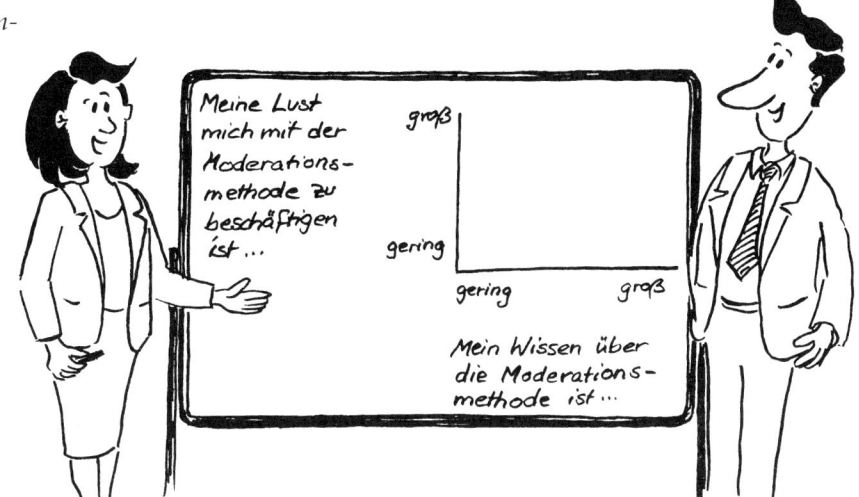

»Klingt anregend. Fehlt jetzt nur noch die weiterführende Literatur!«

»Die finden Sie in unserem kommentierten Literaturverzeichnis.«

Für Eilige und Praktiker

- Für ganz Eilige: eine Checkliste zur Vorbereitung einer vollständigen Präsentation unter Zeitdruck
- Für alle, die dieses Buch nur einmal lesen wollen: Checklisten für Vorbereitung und Durchführung von Präsentationen

Für ganz Eilige:
eine Checkliste zur Vorbereitung einer vollständigen Präsentation unter Zeitdruck

	Stichwortartig die Fragen beantworten	Reicht aus ☺ Noch was zu tun ☞
1. Was ist der Anlass für die Präsentation? (Vorgeschichte, Hintergrund)		☺ / ☞
2. Wie lautet das Thema der Präsentation?		☺ / ☞
3. Welche Teilnehmer werden anwesend sein?		☺ / ☞
4. Welche Interessen haben die Teilnehmer am Thema?		☺ / ☞
5. Was bewegt die Teilnehmer am Thema?		☺ / ☞
6. Welchen Nutzen haben die Teilnehmer vom Inhalt der Präsentation?		☺ / ☞
7. Welches Ziel (welche Ziele) verfolge ich mit meiner Präsentation? Was möchte ich mit der Präsentation bei den Teilnehmern erreichen?		☺ / ☞

	Stichwortartig die Fragen beantworten	Reicht aus ☺ Noch was zu tun ☞
8. Welche Kerninhalte muss ich präsentieren, um meine Ziele zu erreichen und die Interessen der Teilnehmer zu bedienen?		☺ / ☞
9. Wie starte ich die Präsentation (Opener, Begrüßung, eigene Kompetenz, Thema, Zielsatz, Ablauf)?		☺ / ☞
10. Wie strukturiere ich die Kernaussagen, um mein Ziel zu erreichen und die Interessen der Teilnehmer zu bedienen?		☺ / ☞
11. Wie lauten meine Zusammenfassung und mein Schlussappell?		☺ / ☞
12. Mit welchen anschaulichen Bildern kann ich das Anliegen der Präsentation unterstützen und die Herzen der Teilnehmer erreichen?		☺ / ☞
13. Was muss ich in Sachen »Technik« organisieren?		☺ / ☞
14. Wann genau und mit wem übe ich die Präsentation vorher?		☺ / ☞

Für alle, die dieses Buch nur einmal lesen wollen: Checklisten für Vorbereitung und Durchführung von Präsentationen

Der Anlass Ihrer Präsentation (siehe auch Seite 19 ff.)

- Warum findet die Präsentation überhaupt statt? Was hat dazu geführt, dass diese Präsentation gehalten wird?
- Was aus der Vorgeschichte der Präsentation ist wichtig und sollte von Ihnen bei der gesamten Vorbereitung bedacht werden?

Das Thema Ihrer Präsentation (siehe auch Seite 44 ff.)

- Welchen Titel wollen Sie Ihrer Präsentation geben (»knackig«, spannend, informativ, aufrüttelnd, beschreibend, nüchtern-sachlich)

*Die Teilnehmerinnen und Teilnehmer Ihrer Präsentation
(siehe auch Seite 21 ff.)*

- Machen Sie sich mithilfe der Fragen auf Seite 23 ein Bild von Ihrem Publikum.
- Wer sind Ihre Teilnehmer, was erwarten diese von der Präsentation, und wie betroffen sind sie von dem, was in der Präsentation geschieht? Mit welchen Gefühlen kommen die Teilnehmer zu Ihrer Präsentation?
- Ermitteln Sie gegebenenfalls Informationen, die Ihnen noch fehlen.

Das Ziel Ihrer Präsentation (siehe auch Seite 25 ff.)

- Was möchten Sie mit Ihrer Präsentation bei Ihren Zuhörern erreichen?
Oder auch:
- Was genau sollen Ihre Zuhörer tun, wenn sie die Präsentation verlassen?
- Zu welchem Denken und handeln möchten Sie Ihre Zuhörer bewegen?
- Was genau sollen Ihre Zuhörer am Ende der Präsentation wissen, und wozu sollen sie das wissen?
- Was genau sollen Ihre Zuhörer am Ende der Präsentation gelernt haben, und welchen Nutzen bringt ihnen das Gelernte, was haben sie davon?

- Was möchten Sie durch Ihre Präsentation bei Ihren Zuhörern verändern und warum?
- Formulieren Sie so konkret wie möglich das Ziel Ihrer Präsentation. Halten Sie Ihren Zielsatz schriftlich fest.
- Überprüfen Sie noch einmal, wie realistisch das Erreichen Ihres Ziels in der bevorstehenden Präsentation ist. Überarbeiten Sie gegebenenfalls Ihr Ziel.

Die Inhalte Ihrer Präsentation (siehe auch Seite 32 ff.)

- Sammeln Sie möglichst viele Informationen zum Thema Ihrer Präsentation. Ausgangsfrage: »Was gehört im weitesten Sinne zur Präsentation?«
- Wählen Sie aus der Fülle des vorliegenden Materials die Inhalte aus, die Sie benötigen,
- um Ihr konkretes Ziel zu erreichen;
- um Ihr spezifisches Publikum anzusprechen;
- um in der geplanten Zeit zu bleiben.
- Alle anderen Inhalte haben in Ihrer Präsentation keinen Platz.

Der Aufbau Ihrer Präsentation (siehe auch Seite 39 ff.)

Einleitungsteil (ungefähr 15 Prozent der Präsentationszeit)
– Begrüßung und namentliche Vorstellung.
– Opener (optional).
– Thema der Präsentation.
– Ihr spezifisches Ziel: »Ich möchte erreichen …«
– Darstellung Ihres Bezugs zum Präsentationsthema, Ihre Kompetenz.
– Ablauf/Struktur.
Hauptteil (ungefähr 75 Prozent der Präsentationszeit)
– Rahmeninformationen zur Präsentation.
– Ihre Aussagen/Argumente in der vorbereiteten Reihenfolge.
Schlussteil (ungefähr 10 Prozent der Präsentationszeit)
– Zusammenfassung der wichtigsten Inhalte.
– Schlussappell: Aufforderung zum Handeln, zum Weiterdenken oder zur Diskussion.
– Schlusswort/Verabschiedung/Einladung zu Kaffee und Kuchen.

Visualisierungen (siehe auch Seite 64 ff.)

- Fertigen Sie Visualisierungen zu den wichtigen Teilen Ihrer Präsentation an:
  – Thema, Inhalte und Ablauf der Präsentationsveranstaltung;
  – alle Kernaussagen;
  – wichtige Hintergrundinformationen;
  – schwierige Zusammenhänge, technische Abläufe.
- Gestalten Sie Ihre Visualisierungen so, dass sie von Ihren Teilnehmern leicht und möglichst schnell erfasst werden können. Wenn Sie Bilder verwenden, überlegen Sie, wie diese beim Publikum emotional »ankommen«.
- Versuchen Sie, möglichst auf reine Textfolien zu verzichten. Gestalten Sie Organigramme, Zusammenhänge von Themen, Abläufe, Schaubilder und Grafiken. Versuchen Sie, komplexe Aussagen mit Bildern auszudrücken.

Einsatz von Medien (siehe auch Seite 87 ff.)

- Überlegen Sie, ob Sie nicht zusätzlich zum Laptop und Beamer ein weiteres Medium einsetzen (Flipchart, Produkt, Plakate), um Ihre Präsentation abwechslungsreicher zu gestalten.
- Überlegen Sie, ob Sie für den Notfall Ersatzvisualisierungen (beispielsweise OHP-Folien) erstellen wollen!
- Prüfen Sie ausreichend vor Beginn Ihrer Präsentation die technische Einsatzbereitschaft Ihrer Medien.
- Gestalten Sie den Präsentationsraum so, dass alle Teilnehmer ausreichend Sicht auf die Medien haben und dass Sie selbst ohne Behinderungen mit den Medien arbeiten können.

Das Präsentationsmanuskript (siehe auch Seite 107 ff.)

- Erstellen Sie für sich ein Stichwortmanuskript, in dem Sie die Stichworte (Kernaussagen, wichtige Begründungen, Hintergrundinformationen) gut leserlich notieren.
- Formulieren Sie in Ihrem Stichwortmanuskript die Einleitung und den Schlussappell schriftlich aus, damit Sie zum einen einen reibungslosen Start haben und zum anderen am Ende einer vielleicht anstrengenden Präsentation alle wichtigen Punkte des Schlusses auch wirklich berücksichtigen.
- Notieren Sie in Ihr Manuskript Ihre persönlichen Regieanweisungen für Ihre mündlichen Ausführungen (»Pause machen!!«) oder für den Umgang mit Medien (»Folie wirken lassen!«).
- Wenn Sie mit PowerPoint präsentieren, könnte Ihr Manuskript ein Ausdruck der Folien mit Ihren persönlichen Anmerkungen sein. Unser Tipp: Drucken Sie zwei oder – wenn Sie sich inhaltlich sicher fühlen – vier Folien auf eine Seite aus. Dann können Sie die jeweils folgende Seite elegant und spannungsreich ankündigen, bevor Sie umblättern.

Das schriftliche Material für die Teilnehmer (siehe Checkliste S. 115)

Zeit und Raum (siehe auch Seite 62 und 116)

Die Frage- und Diskussionsrunde (siehe auch Seite 144 ff.)

- Bereiten Sie sich sorgfältig alleine oder zusammen mit anderen auf die Frage- und Diskussionsrunde vor. Überlegen Sie sich zuerst möglichst viele Fragen, die Ihr Publikum stellen könnte. Überlegen Sie sich zu jeder Frage eine »gute« Antwort, und sprechen Sie diese laut und voller innerer Überzeugung aus. Bei wichtigen Fragen können Sie auch Formulierungsalternativen üben.
- Überlegen Sie sich Fragen aus dem Publikum, die Sie sehr gerne hören würden. Überlegen Sie sich Antworten, mit denen Sie »glänzen« können, und üben Sie diese.
- Überlegen Sie sich aber auch »ehrlich und inquisitorisch« Fragen und Einwände, die Ihnen Magenschmerzen bereiten würden. Bereiten Sie auch darauf Antworten und Entgegnungen vor.

Üben, üben, üben

- Üben Sie Ihre Präsentation – wenn möglich – mindestens einmal.
- Üben Sie alleine im stillen Kämmerlein oder vor einem Probepublikum, also Personen, für die das Thema interessant sein kann und die offen und differenziert Rückmeldungen geben können.
- Nutzen Sie diese Probe, um
  - den Aufbau Ihrer Argumente,
  - die Begründung Ihrer Thesen,
  - die Stimmigkeit der Visualisierungen und
  - die Einhaltung der Zeit zu überprüfen.

Die Nachbereitung (siehe auch Seite 121 ff.)

- Notieren Sie im Anschluss an die Frage- und Diskussionsrunde die zentralen Fragen und Diskussionsbeiträge aus dem Publikum (achten Sie dabei besonders auf Einwände und Widerstände) sowie Ihre persönlichen Eindrücke.
- Werten Sie diese Aufzeichnungen anschließend dahingehend aus,
  - was Sie im Rahmen einer Nachgeschichte noch unternehmen müssen, um Ihre Präsentationsziele weiterzuverfolgen;
  - was Sie bei der Vorbereitung und der Durchführung Ihrer nächsten Präsentation verbessern können.

Kommentierte Literatur und Schluss

- Literaturtipps – für Sie kommentiert!
- Ein kleines Nachwort
- Die Autoren

Literaturtipps – für Sie kommentiert!

Präsentieren und visualisieren

Alexander, Kestin: Kompendium der visuellen Information und Kommunikation. Berlin 2007.
Die Beschäftigung mit PowerPoint und die »Vorbilder« an Visualisierungen von Kolleginnen und Kollegen werden Sie mit vielen Anregungen ausstatten. Unserer Erfahrung nach sind diese Visualisierungsbeispiele sehr eng an dem ausgerichtet, was PowerPoint ohne großen Aufwand möglich macht. Warum also nicht einmal ganz neue Anregungen holen, eine kleine Einführung in die visuelle Kommunikation lesen, verstehen, wie Bilder und Text optimal zusammenwirken, wie Schrift wirkt und was es so mit den Farben und Formen in der menschlichen Kommunikation, also auch in Präsentationen auf sich hat. Mit 200 farbigen Abbildungen kann das Werk auch als Bilderbuch genutzt werden.

Mit Bildern arbeiten muss nicht immer gleich die Erstellung einer Bildfolie bedeuten. Bilder lassen sich auch in der mündlichen Rede verwenden und diese dadurch spannend und anschaulich machen. Das Buch dazu, voller Tipps und Anregungen: **Ditko, Peter H./Engelen Norbert Q.: In Bildern reden. Düsseldorf 2002.**

Frank, Hans-Jürgen: Ideen zeichnen. Weinheim und Basel 2004.
Franks Werk versteht sich quasi als Schnellkurs für Visualisierungen. Er hat Werkzeuge, Methoden und Verfahren entwickelt, die es ermöglichen, Prozesse des Dialogs, der Veränderung und der Zusammenarbeit schneller und effektiver zu gestalten. Mit dem Bildbaukastenprinzip, ein paar farbigen Stiften und einfachen Grundformen sollte es jedem gelingen, komplizierte Inhalte klar zu kommunizieren.

Minto, Barbara: Das Pyramiden-Prinzip. Ideen klar, verständlich und erfolgreich kommunizieren. Düsseldorf 2005.
Ein hilfreiches Buch, wie man beispielsweise Texte oder Berichte klar strukturiert, einfach und leicht verständlich verfassen kann. Das Pyramiden-Prinzip unterstützt beim logischen Aufbau der Inhalte im Hauptteil einer Präsentation.

Tufte, Edward R.: Beautiful Evidence. Cheshire 2006.
Ein wunderbar gestaltetes, anspruchsvolles Buch des Visualisierungsgroßmeisters von der Yale-Universität. Zwei Kapitel sind für Präsentierende interessant: »Corruption in Evidence Presentations« beschäftigt sich mit »Tricks«, die Politiker oder Wirtschaftsbosse in Präsentationen einsetzen, um eigene Thesen zu beweisen, die so einfach eigentlich nicht zu beweisen sind. Und »The Cognitive Style of PowerPoint« analysiert provokant, wie die dem Programm innewohnende Logik dazu führt, dass die Qualität von Präsentationen schlechter und auf keinen Fall besser wird: »That is especially the case for the PowerPoint ready-made templates, which corrupt statistical reasoning, and often weaken verbal and spatial thinking. What is the problem with PowerPoint? How can we improve our presentations? And what specific sorts of corruptions of evidence and analysis should consumers of PowerPoint presentations look out for?« Der kurze Text über PowerPoint wurde auch separat publiziert als:
Tufte, Edward R.: The Cognitive Style of PowerPoint: Pitching out Corrupts within, Cheshire 2006.

Weidenmann, Bernd: 100 Tipps & Tricks für Pinnwand und Flipchart. Weinheim und Basel 2008.
Trotz Laptop und Beamer: Für manche Situationen sind Flipchart und Pinnwand die geeigneten Medien. Für alle, die etwas über den professionellen Umgang mit ihnen erfahren möchten.

Zelazny, Gene: Wie aus Zahlen Bilder werden: Der Weg zur visuellen Kommunikation. Daten überzeugend präsentieren, Heidelberg 2006.
Dieses Buch wendet sich an alle, die Zahlen in Grafiken umsetzen müssen. Es geht dabei um Säulen-, Kreis-, Balken-, Punkt- und Kurvendiagramme. Die Entscheidung, welche Grafikmöglichkeit gewählt werden kann, erfolgt systematisch und nachvollziehbar: Welche Aussage soll mit dem vorliegenden Datenmaterial getroffen werden? Welcher Grundtyp eines Datenvergleichs ist in

dieser Aussage enthalten? Welcher Schaubildtyp eignet sich daher besonders für die Visualisierung der vorliegenden Daten? Das Buch ist als Arbeitsbuch aufgebaut, das zum aktiven Mitdenken und Gestalten auffordert und im Anhang eigene Gestaltungsvorschläge anbietet.

Präsentieren auf Englisch

So manche Leserin und so mancher Leser wird eine Präsentation in Englisch durchführen müssen. Dafür gilt natürlich dieselbe Vorgehensweise wie im Deutschen. Wer sich darüber hinaus etwas fit machen möchte, der sollte einmal reinschauen in:

- Grussendorf, Marion: Pocket Business – Training: Presenting in English. Sicher vortragen – Fragen souverän begegnen. Berlin 2007.
- Goodale, Malcolm: The Language of Meetings. München 2005.
- PONS mobil Business Sprachtraining – Aufbau. Präsentieren auf Englisch. 2 CDs, 130 Minuten, in MP3 umwandelbare Dateien. Stuttgart 2007.
- Blaeser, Hans-Otto: Fachwörterbuch Personalarbeit – Human Resources Dictionary. Frechen 2004.

Elektronische Medien

Für alle, die sich über aktuelle Trends bei den elektronischen Medien informieren wollen, bietet sich die Zeitschrift »AV-views – Audiovisuelle Kommunikation und Präsentation« an (www.av-views.de). Weitere Zeitschriften, die immer wieder einmal über neue Entwicklungen in Sachen Präsentieren, PowerPoint, Rhetorik oder Kommunikation berichten sind: acquisa (www.acquisa.de), Wirtschaft und Weiterbildung (www.wuw-magazin.de), ManagerSeminare (www.managerseminare.de), SalesBusiness (www.salesbusiness.de), HR-Services (www.datakontext-press.de) oder das vom Bundesverband Berufliche Qualifizierung e.V. in Gladbeck herausgegebene Q-magazin.

PowerPoint: Was immer wir hier als Buch empfehlen würden, ist zum Zeitpunkt der Drucklegung möglicherweise veraltet. Daher ein informatives Internetportal für PowerPoint-Nutzer, von PowerPoint-Fans eingerichtet: **www.ppt-user.de.**

Auftreten und argumentieren

Bischoff, Irena: Körpersprache und Gestik trainieren. Auftreten in beruflichen Situationen. Weinheim und Basel 2007.
Ein praktisches Arbeitsbuch für alle, die ihre Körpersprache in Präsentationen verstehen, eigene Muster erkennen und die eigenen Ausdrucksformen gezielt erweitern wollen.

Gutzeit, Sabine F.: Die Stimme wirkungsvoll einsetzen. Mit Audio-CD. Weinheim und Basel 2008.
Wer Heiserkeit nach einem sprechintensiven Tag oder einfach nur ein »Frosch im Hals« vermeiden möchte, der kann mithilfe von Sabine Gutzeit Mechaniker seines »Stimm-Mobils« werden. Sie erklärt mit anschaulichen Vergleichen aus der Autowerkstatt, wie die Stimme funktioniert und welche Wartung und Pflege das Stimm-Mobil benötigt, um stets gut geölt in Fahrt zu sein. Die beigefügte CD und die klar beschriebenen Stimmübungen helfen, die eigene Stimme gezielt wahrzunehmen und die Stimme zu pflegen.

Lampenfieber haben nicht nur Musiker, sondern auch Redner in vielfältigen Situationen. Für beide Gruppen hat Linda Langeheine ein Buch mit vielen praktischen Übungen und Anregungen geschrieben:
Langeheine, Linda: Lampenfieber ade. Leitfaden für die erfolgreiche Bewältigung von Auftrittsangst. Frankfurt am Main, 2004.

Thiele, Albert: Argumentieren unter Stress. Frankfurt am Main 2007.
Argumentieren in Drucksituationen, im Pressegespräch, bei Besprechungen, in Verhandlungen sowie in der Frage- und Diskussionsrunde nach einer Präsentation. Der Autor beschreibt anschaulich viele Techniken, die sich in den letzten Jahren in der Praxis bewährt haben.
Und wer tiefer in das Thema eintauchen möchte, wird sich mit dem Phänomen »Stress« beschäftigen wollen. Nach wie vor lesenswert ist Vesters Klassiker zum Einstieg ins Thema:
Vester, Frederic: Phänomen Stress. Wo liegt der Ursprung, warum ist er lebenswichtig, wodurch ist er entartet? München, 2003.

Präsentation und Moderation im Einsatz

Hartmann, Martin/Röpnack, Rainer/Baumann, Hans-Werner: Immer diese Meetings! – Besprechungen, Arbeitstreffen, Telefon- und Videokonferenzen souverän leiten. Weinheim und Basel 2002.

In diesem Buch geht es um den Weg vom Besprechungsfrust zur Besprechungslust. Wie Besprechungen zielgerichtet vorbereitet und gekonnt geleitet werden, das vermittelt dieses Buch. Für Präsentierende wichtig: Telefon- und Videokonferenzen, Electronic Meetings.

Hartmann, Martin/Röpnack, Rainer/Funk, Rüdiger: Kompetent und erfolgreich im Beruf – wichtige Schlüsselqualifikationen, die jeder braucht. Weinheim und Basel 2005.

Ein Buch der Autoren für engagierte und lernbegierige Berufstätige zwischen 20 und 50. In kurzen und kurzweiligen Kapiteln werden die kommunikativen Grundlagen auch für das Präsentieren vermittelt: Das selbstbewusste und souveräne Auftreten, das Sprechen und Hören auf unterschiedlichen Kanälen, der Umgang mit Konflikten – von Killerphrasen bis zur Schlagfertigkeit oder dem gekonnten Umgang mit Reklamationen. 37 Kapitel mit konkreten Umsetzungshilfen für die Praxis.

Hartmann, Martin/Rieger, Michael/Funk, Rüdiger: Zielgerichtet moderieren. Ein Handbuch für Führungskräfte, Berater und Trainer. Weinheim und Basel, 2007.

Viele Präsentationen sind Teil umfangreicher Veranstaltungen, in denen zusammen mit den Teilnehmern aktiv gearbeitet wird. Die Moderation bildet dabei eine überzeugende Methode, mit deren Hilfe die Kraft der ganzen Gruppe genutzt wird, um anspruchsvolle Ergebnisse zu erarbeiten. Dieses Buch bietet einen vollständigen Leitfaden für die Vorbereitung und Durchführung einer moderierten Arbeitssitzung.

Ein kleines Nachwort

Aus den umfangreichen Erfahrungen der Trainerinnen und Trainer des *train*-Teams mit Präsentationen und Präsentationstrainings heraus entstand 1991 »Präsentieren. Präsentationen: zielgerichtet und adressatenorientiert«. Dieses Buch wird seitdem von einer Vielzahl namhafter Unternehmen als Teilnehmerunterlage bei der Ausbildung von Präsentierenden eingesetzt. Aber auch Einzelnutzer – Führungskräfte, Ingenieure, Studenten, Trainer, Verkäufer, Lehrer – und viele, viele andere, die vor einer ersten Präsentation stehen, oder Profis, die die eigene Präsentationspraxis entscheidend verbessern wollen, greifen auf die Anregungen in diesem Buch zurück. Den Grund dafür bringt vielleicht eine Rezension der Süddeutschen Zeitung am besten zum Ausdruck: »Man merkt dem Buch deutlich den Praxisbezug an.« Nun waren und sind es auch die praktischen Präsentationserfahrungen der Leserinnen und Leser sowie der Autoren, die das Buch mit jeder neuen Auflage weiterentwickelt haben. Mit der vorliegenden achten Auflage legen die Autoren eine grundlegende Überarbeitung, Ergänzung und Aktualisierung sämtlicher Teile von »Präsentieren« vor. Bei allen Neuerungen blieb jedoch ein Gedanke erhalten: Das Buch soll die Leserinnen und Leser konsequent darin unterstützen, überdurchschnittlich erfolgreiche Präsentationen zu planen, vorzubereiten und durchzuführen.

Bei der Fertigstellung der vorliegenden Auflage haben geholfen: Michael Ebersbach, Martina Rieg und Ingeborg Sachsenmeier. Die Illustrationen sind von Ulrike Rath. Idee und Text zum Comic auf Seite 65 sind von Karlheinz A. Geißler, illustriert hat ihn Dorothea Senger. Die Fotos in den PowerPoint-Charts auf den Seiten 39 und 48 sind von Horst Nietmann, alle anderen Fotos in dem Buch sind von Martin Hartmann. Der Herr, der sich auf Seite 188 so locker an eine Hauswand in Paderborn lehnt, ist der Künstler Johan Lorbeer. Und den Herrn auf Seite 124, der Seite mit dem Zitat von Martin Luther, treffen unsere Leserinnen und Leser immer gut gelaunt im Neanderthal-Museum in Mettmann bei Düsseldorf.

Die Autoren

Dr. Martin Hartmann; nach Hochschultätigkeit mehrere Jahre Projektleiter in der Medienforschung und -beratung; zwei Jahre als Journalist in London tätig; Schwerpunkte bei *train*: Präsentations-, Moderations- und Interviewtechniken, Rhetorik; Qualifizierung von Unternehmensberatern, Coaching.

Train, Gesellschaft für Organisationsentwicklung und Weiterbildung mbH
Büro Bonn: Venusbergweg 48, 53115 Bonn
Tel.: 0228-243900
Fax: 0228-2439010
E-Mail: train.bonn@train.de
Internet: www.train.de

Rüdiger Funk; Mitbegründer von *train*; Studium der Pädagogik, zwei Jahre Geschäftsführer der Deutschen Versicherungsakademie (DVA) GmbH; Geschäftsführer der *train* GmbH, Tätigkeitsschwerpunkte: Beratung zur Personalentwicklung und zur Implementierung von PE-Konzepten; Moderation von Strategie- und Entscheidungsworkshops; Präsentationscoaching für leitende Führungskräfte und von Managementteams, die sich auf eine Investorenpräsentation vorbereiten.

Train-Büro Süd:
Lerchenweg 2, 83278 Traunstein
Tel.: 0861-9098906,
Fax: 0861-9098907
E-Mail: train.sued@train.de
Internet: www.train.de

Horst Nietmann; Studium der Erziehungswissenschaften, danach Systemanalytiker in einem deutschen Test- und Analysezentrum und lange Jahre als Trainer für die *train* GmbH tätig. Er arbeitet nun als selbstständiger Trainer mit den Schwerpunkten Präsentation, Kreativitätstechniken und Zeitmanagement sowie Beratung und Coaching von Führungskräften und Unternehmen, die vor entscheidenden Geschäftspräsentationen stehen.

Horst Nietmann und Seminarpartner – Business Trainings
Ganghoferstr. 19, 85521 Ottobrunn
Tel.: 0171-2708566
E-Mail: mail@horst-nietmann.de
Internet: www.horst-nietmann.de

Auf den in diesem Buch abgebildeten PowerPoint-Charts finden Sie, liebe Leserin und lieber Leser, statt eines Firmenlogos den Schriftzug **www.praesentieren.biz**.

Hinter www.praesentieren.biz verbirgt sich die Webseite zu dem Buch, das Sie in Händen halten. Unter www.praesentieren.biz finden Sie

- Hintergrundinformationen zu den Autoren sowie
- zu den umfangreichen Qualifizierungsmöglichkeiten in Sachen »gekonnt präsentieren« – von Trainings bis zum Präsentationscoaching.
- Sie finden dort aber auch Links zu wichtigen Webseiten und
- nicht zuletzt die in diesem Buch abgebildeten Charts.

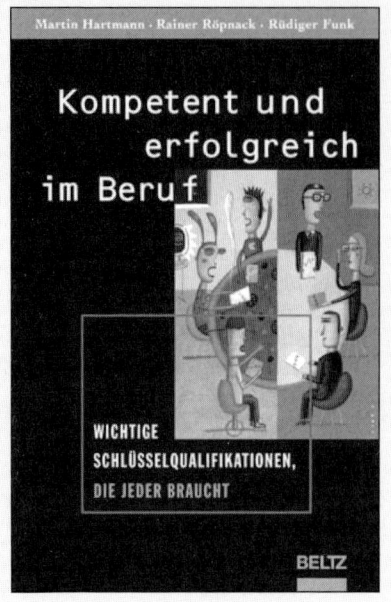

Martin Hartmann / Michael Rieger / Funk Rüdiger
Zielgerichtet moderieren
Ein Handbuch für Führungskräfte, Berater
und Trainer.
163 Seiten. Gebunden.
ISBN 978-3-407-36447-0

In vielen Unternehmen und Organisationen spricht
es sich herum: gut moderierte Gruppen sind einfach
effizienter. Die Zusammenarbeit verläuft zufrieden-
stellender, die Ergebnisse erfüllen höchste Ansprüche
und werden von allen Gruppenmitgliedern getragen.

»Fazit: Ein überzeugendes Buch, das Schritt für
Schritt den Weg in moderierte Besprechungen zeigt.«
TRAINING aktuell

Aus dem Inhalt: Was bedeutet Moderation? Die
Stärken der Methode; Vorbereitung und Ablauf einer
moderierten Sitzung? Checklisten für die Praxis.

Martin Hartmann / Rainer Röpnack / Rüdiger Funk
Kompetent und erfolgreich im Beruf
Wichtige Schlüsselqualifikationen, die jeder braucht.
2005. 295 Seiten. Gebunden.
ISBN 978-3-407-36128-8

»Im Job weiterkommen. Was sollten Sie beherrschen, um im Beruf eine gute Figur zu machen?
Welche Kompetenzen helfen Ihnen bei der täglichen
Arbeit? Die Autoren haben in 37 Kapiteln das Wichtigste kurz und bündig auf den Punkt gebracht, kurzweilig präsentiert, mit konkreten Umsetzungshilfen
für Ihre Praxis. – Ein Leitfaden für alle, die dazulernen
und sich weiterentwickeln wollen.« *bankfachklasse*

»Mit einleuchtenden Beispielen und sehr konkreten
Handlungsanweisungen ist der Nutzwert des Buches
hoch, für Berufseinsteiger, wie auch für junge
Führungskräfte.« *Hamburger Abendblatt*

Beltz Verlag · Postfach 100154 · 69441 Weinheim · www.beltz.de